研究室
じゃ〜ん
サイズ比較用《ひかくよう》
100
何《なに》これ?
大《おお》きな金貨《きんか》ね
ナオ
外国人観光客《がいこくじんかんこうきゃく》に道《みち》を教《おし》えたらくれたニャ!
アット
ニャー
お礼《れい》に金貨《きんか》アゲルヨー
ウッヒョ〜!!
本物《ほんもの》だったらすごい価値《かち》じゃない?
えっへん!!
そうニャ! みんなで寿司《すし》食《た》べ放題《ほうだい》ニャ♡
いやっほ〜♡

貴金属店《ききんぞくてん》で調《しら》べてもらったら?
磁石《じしゃく》にくっつくかどうかでもわかるんじゃない?
どうしようかニャ〜
ガチャ
何《なに》やらおもしろそうな話《はなし》をしているな
くまじい!
じゃ〜ん
より正確《せいかく》で簡単《かんたん》に見分《みわ》けるいい方法《ほうほう》があるぞ
①まず金貨《きんか》の重《おも》さをはかる
100g

※イラストは「上皿天《うわざらてん》びん」。「電子天《でんしてん》びん」と同《おな》じく、ものの重《おも》さをはかる器具《きぐ》。

次《つぎ》に
水《みず》をはった
すいそうに
金貨《きんか》を入《い》れて…
in
②元《もと》の水面《すいめん》と
金貨《きんか》をしずめたあとの
水面《すいめん》の高《たか》さの差《さ》から
金貨《きんか》の体積《たいせき》を求《もと》める
①を②で割《わ》った値《あたい》が
19.3なら本物《ほんもの》の金《きん》じゃ
へぇ〜
この金貨《きんか》は
約《やく》10だから…
金《きん》ではない
ってことか
えええっ!!!
ガーン!!
ちなみに
古代《こだい》ギリシャの
アルキメデスも
似《に》たような方法《ほうほう》で
純金《じゅんきん》であるはずの王冠《おうかん》に
銀《ぎん》がまざっていることを
見《み》ぬいたと言《い》われているぞ
へぇぇ…!
ガーン
ガーン
ガーン…

はぁ〜〜〜 オレのおすしが のどぐろが…
いいことをした 記念《きねん》には なるじゃないか
しゅん…
でも 実験《じっけん》っておもしろいね！ 言葉《ことば》で説明《せつめい》されるより わかりやすいし
よ〜し!!
オレも今度《こんど》 何《なに》かやって みようかな！
金《きん》が磁石《じしゃく》にくっつくか 調《しら》べてみるといい
あ… そろそろ パトロールの時間《じかん》よ
8ページへ レッツゴー！

※本書《ほんしょ》では、科学実験《かがくじっけん》以外《いがい》の実験《じっけん》もあつかいます。

本書《ほんしょ》の使《つか》い方《かた》

1　マンガを読《よ》む

2　ウソを推理《すいり》…

◀天才《てんさい》を目指《めざ》す人《ひと》
ウソを見《み》ぬいたら、
正《ただ》しい答《こた》えを想像《そうぞう》する

はじめての人《ひと》▼
会話《かいわ》をよく読《よ》んで、
ウソを見抜《みぬ》く

3　答《こた》えあわせ！

解説《かいせつ》を読《よ》めば、一生使《いっしょうつか》える
本物《ほんもの》の科学知識《かがくちしき》が身《み》につく！

マンガのセリフを正《ただ》しいもの
に書《か》きかえれば、自分《じぶん》だけの
“知識《ちしき》ずかん”ができあがる！

大人の方へ

●インターネットが普及して久しいですが、そのおかげで私たちは場所や時間を問わず、さまざまなことを手軽に調べられるようになりました。一方で、ウェブ上の情報には、ウソやまちがいが多いのも事実です（無意識・意図的・思いこみをふくむ）。●たとえば世間では、たびたび新しいダイエット法がブームになりますね。また、ひとたび大きな地震が発生すると「○日に、○○で地震がおきるからにげたほうがいい」などといった情報が、SNSを介して広がることもあります。●今の例でいえば、体や栄養素のことをよく知っていれば、特定の食品だけを食べつづけたり、特定の栄養素を摂取しないようにしつづけたりすることが、いかに危険であるかがわかるはずです。そして地震の発生についても、現在の技術では、時間や場所をピンポイントで予測できないという事実を知っているだけでも、自身のとるべき行動を決めやすくなるでしょう。●正しい科学知識は、情報にかくれたウソやまちがいに気づくための武器となり、力となります。本書を通じて、お子様がそれらを身につけるお手伝いができれば幸いです。

もくじ

マコト★カガク研究団《けんきゅうだん》

世《よ》の中《なか》の人《ひと》たちがまちがった情報《じょうほう》にまどわされないようにするため、人々《ひとびと》の会話《かいわ》にひそむウソを見《み》ぬいたり、正《ただ》しい科学知識《かがくちしき》を広《ひろ》めたりする活動《かつどう》をしている。

キャラ紹介《しょうかい》

ライヤー団《だん》

人間《にんげん》になりすましたり、人間《にんげん》の意識《いしき》に直接《ちょくせつ》はたらきかけたりすることでウソを広《ひろ》め、世《よ》の中《なか》をまちがった情報《じょうほう》だらけにしようとたくらむ集団《しゅうだん》。

ミッション
MISSION

01

家《いえ》でできる実験《じっけん》

01話《わ》 うかばない風船《ふうせん》

風船《ふうせん》がうかばなくなっちゃった…
兄《にい》ちゃんに貸《か》してみろ
ほら これで大丈夫《だいじょうぶ》
やったー！
できればストロー使《つか》ってほしかったけど
間《かん》接《せつ》キッス？

息《いき》をふきこんだ風船《ふうせん》がうかぶのは「ホント」？　それとも「ウソ」？
考《かんが》えてみよう！

ヒント：家《いえ》に風船《ふうせん》があれば、実際《じっさい》にやってみよう！

ウソ

（息《いき》の入《はい》った風船《ふうせん》は、うかばない）

風船《ふうせん》が空《そら》にうかぶのは、空気《くうき》よりも軽《かる》い「ヘリウム」ガスが入《い》れられているためです。

一方《いっぽう》、私《わたし》たちがはきだす息《いき》にふくまれるのは、「ちっ素《そ》」「酸《さん》素《そ》」「二酸化炭素《にさんかたんそ》」です。これらは空気《くうき》よりも重《おも》いので、風船《ふうせん》に息《いき》をふきこんでも、風船《ふうせん》はうかびません。

ヘリウムは風船《ふうせん》のほか、気球《ききゅう》や飛行船《ひこうせん》に使《つか》われます。「水素《すいそ》」も空気《くうき》より軽《かる》い気体《きたい》ですが、燃《も》えやすい（爆発《ばくはつ》しやすい）ので、これらには使《つか》われません。

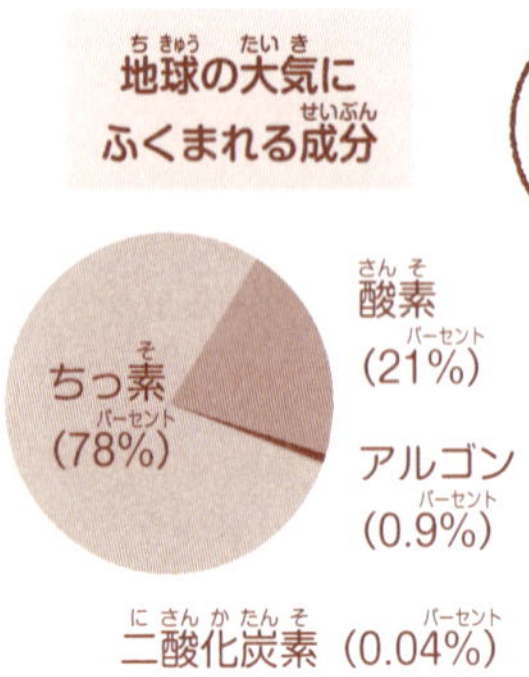
地球《ちきゅう》の大気《たいき》にふくまれる成分《せいぶん》
ちっ素《そ》（78%《パーセント》）
酸素《さんそ》（21%《パーセント》）
アルゴン（0.9%《パーセント》）
二酸化炭素《にさんかたんそ》（0.04%《パーセント》）

はきだす息《いき》の80%《パーセント》はちっ素《そ》16%《パーセント》は酸素《さんそ》4%《パーセント》は二酸化炭素《にさんかたんそ》じゃ
オレたちが吸《す》う空気《くうき》はほとんどがちっ素《そ》ニャのか…

どっちの色《いろ》の服《ふく》があたたかい？

02 話《わ》

お母《かあ》さんの話《はなし》は「ホント」？　それとも「ウソ」？
考《かんが》えてみよう！

ヒント：雪国《ゆきぐに》では、積《つ》もった雪《ゆき》に灰《はい》をまくことがある…

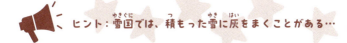

ホント

(白《しろ》より黒《くろ》のほうがあたたかい)

晴《は》れた日《ひ》に、雪道《ゆきみち》を歩《ある》いたりスキー場《じょう》に行《い》ったりすると、いつもよりまぶしく感《かん》じることはありませんか? これは、白《しろ》い色《いろ》をした雪《ゆき》が、日光《にっこう》をよく反射《はんしゃ》するためです。

これに対《たい》し、日光《にっこう》をよく吸収《きゅうしゅう》するのが黒《くろ》い色《いろ》です。日光《にっこう》は吸収《きゅうしゅう》されると熱《ねつ》にかわるので、白《しろ》い服《ふく》より黒《くろ》い服《ふく》のほうが、あたたかく感《かん》じられます。

この現象《げんしょう》は、服《ふく》に限《かぎ》ったことではありません。たとえば雪国《ゆきぐに》では、積《つ》もった雪《ゆき》に黒《くろ》い色《いろ》の灰《はい》をまいて、雪《ゆき》をとかすことがあります(灰《はい》に日光《にっこう》を吸収《きゅうしゅう》させて雪《ゆき》の表面温度《ひょうめんおんど》を上《あ》げる)。

アルミホイルも白《しろ》と同《おな》じく光《ひかり》をよく反射《はんしゃ》するニャよ!
でもアルミホイルの服《ふく》ってお出《で》かけしにくくない?
暑《あつ》い夏《なつ》にぴったりニャ!

とうめいな氷《こおり》　03話《わ》

ジュースをどうぞ！
ありがとうございます
ふふふ…
お父《とう》さんがつくったの
うちの氷《こおり》すき通《とお》っているんだふつうの氷《こおり》よりとけにくいんだって
マンゴージュースだから氷《こおり》が見《み》えないよ
わかんない
おー 母上《ははうえ》ナイスチョイス…
てへっ

すき通《とお》った氷《こおり》がとけにくいって「ホント」？　それとも「ウソ」？
考《かんが》えてみよう！

ヒント：お店《みせ》で売《う》っている氷《こおり》も、すき通《とお》っている…

ホント

（すき通《とお》った氷《こおり》はとけにくい）

　私《わたし》たちが冷凍庫《れいとうこ》でつくる氷《こおり》は白《しろ》くにごっています。しかし、スーパーで見《み》かけるふくろ入《い》りの氷《こおり》や、氷屋《こおりや》で売《う》られる氷《こおり》は、むこうが見《み》えるほどすき通《とお》っています。

　これは、氷《こおり》の中《なか》に〝余計《よけい》なもの〟が入《はい》っていないためです。水道水《すいどうすい》には塩素《えんそ》（次亜塩素酸《じあえんそさん》ナトリウム）や空気《くうき》など、さまざまなものがまざっています。すき通《とお》った氷《こおり》はこれらが入《はい》っていない水《みず》を使《つか》い、冷凍庫《れいとうこ》よりもやや高《たか》いマイナス9℃《ど》ほどの温《おん》度《ど》で※、ゆっくりとこおらせてつくられます。

　すき通《とお》った氷《こおり》は、余計《よけい》なものがじゃましない分《ぶん》、氷《こおり》（水《みず》）のつぶどうしが強《つよ》く結《むす》びついています。そのため、ふつうの氷《こおり》よりとけにくいのです。

　冷凍庫《れいとうこ》でも、一度《いちど》ふっとうさせた水道水《すいどうすい》をコップや牛乳《ぎゅうにゅう》パックなどに入《い》れて、タオルを巻《ま》いてこおらせると、すき通《とお》った氷《こおり》をつくれます。ぜひ、試《ため》してみてください。

※家庭用《かていよう》の冷凍庫《れいとうこ》は、マイナス18℃《ど》ほどでこおらせる。

静電気《せいでんき》vsストロー　04話《わ》

ストローどうしがくっつくのは「ホント」？　それとも「ウソ」？
考《かんが》えてみよう！

ヒント：ストローとストロー…

ウソ

（こすったストローどうしは、はなれる）

実際《じっさい》に、実験《じっけん》をやってみましょう。用意《ようい》するのは、ストロー3本《ぼん》と、つまようじ1本《ぽん》です。

まず、ストロー①をテーブルのふちに立《た》ててはりつけます。

次《つぎ》に、ストロー②③をティッシュでよくこすります。②は真《ま》ん中《なか》にようじをさし、①に差《さ》しこみます。そして③を②に近《ちか》づけると、なんと、②が③からにげるように回《まわ》ります。

これは、ティッシュでこすったことで、ストロー②③が静電《せいでん》気《き》をおびたためです。

下《した》じきの例《れい》では下《した》じきがマイナスの電気《でんき》を、髪《かみ》の毛《け》がプラスの電気《でんき》をおびたのでくっつきましたが、ストローの場合《ばあい》はどちらもマイナスの電気《でんき》をおびたので、はなれたというわけです。

★ストローの実験《じっけん》（上《うえ》）と静電気《せいでんき》がおきるしくみ（下《した》）

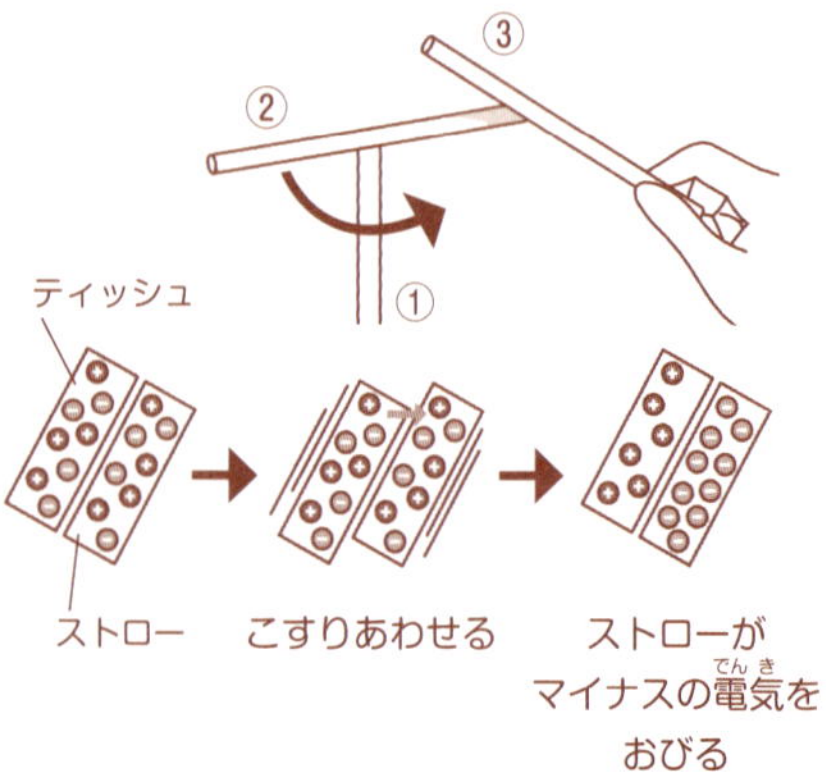
③
②
①
ティッシュ
ストロー
こすりあわせる
ストローがマイナスの電気《でんき》をおびる

静電気《せいでんき》vs水《みず》　05話《わ》

水《みず》の流《なが》れがパイプに引《ひ》き寄《よ》せられるって「ホント」？　それとも「ウソ」？
考《かんが》えてみよう！

ヒント：ぜひ、やってみてほしい！

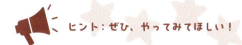

ホント

(水《みず》の流《なが》れは、パイプに引《ひ》き寄《よ》せられる)

ティッシュでこすった塩化《えんか》ビニールのパイプを、細《ほそ》く流《なが》した水《みず》に近《ちか》づけると、水《みず》の流《なが》れはパイプのほうに曲《ま》がります（左下《ひだりした》の写真《しゃしん》）。これは水《みず》が、マイナスの電気《でんき》をおびた塩化《えんか》ビニールのパイプに、引《ひ》き寄《よ》せられたためです※。

ストローや、塩化《えんか》ビニールのパイプはマイナスの電気《でんき》をおびますが、毛《け》やガラス、ナイロン、ウールなどはプラスの電気《でんき》をおびます。これらを使《つか》って16ページの実験《じっけん》を行《おこな》うと（ストロー②に近《ちか》づけると）、ちがう結果《けっか》になるはずです。

ちなみに水《みず》の流《なが》れは、プラスの電気《でんき》をおびたものを近《ちか》づけても、引《ひ》き寄《よ》せられます※。

★曲《ま》がる水《みず》の流《なが》れ

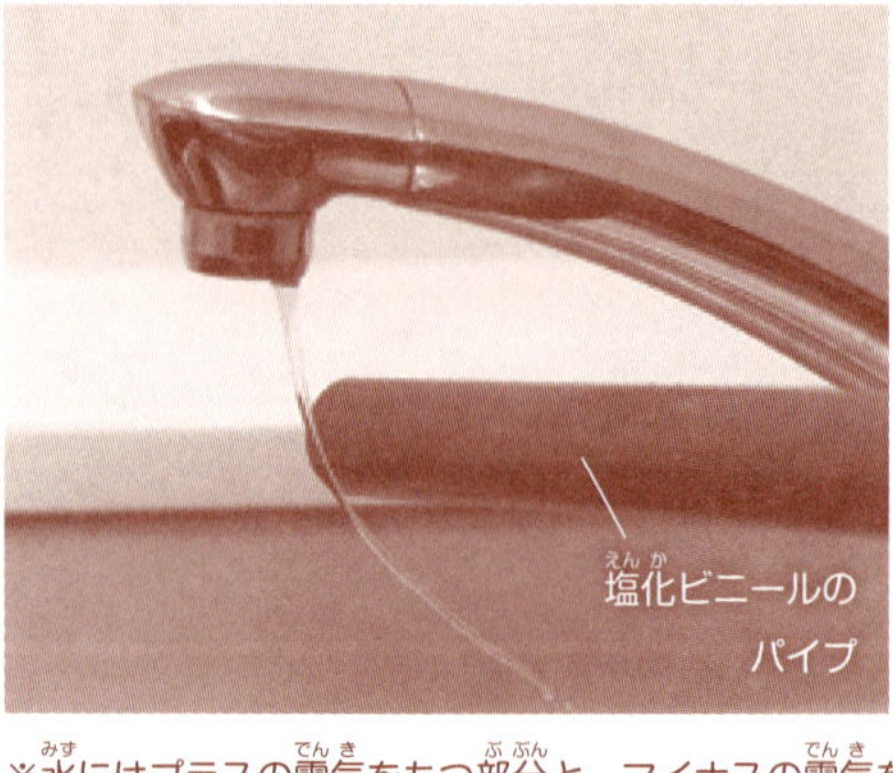

※水《みず》にはプラスの電気《でんき》をもつ部分《ぶぶん》と、マイナスの電気《でんき》をもつ部分《ぶぶん》があるため、どちらにも引《ひ》き寄《よ》せられる。

静電気《せいでんき》vsかん

06 話《わ》

いい遊《あそ》び思《おも》いついた
ティッシュでこすった塩化《えんか》ビニールのパイプを空《あ》きかんに近《ちか》づけると…
コロコロ…!
すごーい手品《てじな》みたい!
パチパチパチ
これを「静電気《せいでんき》フンコロガシ」と名《な》づけよう
ネーミングセンスは最悪《さいあく》ね…

ティッシュでこすったパイプを近《ちか》づけると、かんが転《ころ》がるのは「ホント」？　それとも「ウソ」？考《かんが》えてみよう！

ヒント：金属《きんぞく》がおびているのは、マ…

ホント

（パイプを近《ちか》づけると、空《あ》きかんは転《ころ》がる）

18ページで見《み》たように、塩化《えんか》ビニールのパイプはマイナスの電気《でんき》をおびます。空《あ》きかん（金《きん》属《ぞく》）はマイナスの電気《でんき》をおびているので、それぞれが反発《はんぱつ》しあい、かんが転《ころ》がったというわけです。

さて、世《よ》の中《なか》には電気《でんき》をおびにくいものもあります。それが木材《もくざい》や紙《かみ》、麻《あさ》や木綿《もめん》などです。もし寒《さむ》い季節《きせつ》に静電気《せいでんき》の発生《はっせい》を防《ふせ》ぎたい場合《ばあい》は、木綿《もめん》（麻《あさ》）などでできた洋服《ようふく》を着《き》ると、よいかもしれません。

★静電気《せいでんき》のおびやすさ（帯電列表《たいでんれつひょう》）

← マイナスの電気《でんき》をおびやすい　　プラスの電気《でんき》をおびやすい →

塩化《えんか》ビニール
ポリプロピレン（ストロー）
ポリエチレン（ポリぶくろ）
スチレン（発泡《はっぽう》スチロール）
ゴム
アクリル（定規《じょうぎ》など）
紙《かみ》
人《ひと》の皮膚《ひふ》
木綿《もめん》
絹《きぬ》
ウール（羊毛《ようもう》）
ナイロン
ガラス
皮革《ひかく》
毛《け》、毛皮《けがわ》

よく飛《と》ぶ紙飛行機《かみひこうき》

07 話《わ》

どんな形《かたち》の紙飛行機《かみひこうき》がいちばん飛《と》ぶか実験《じっけん》してみようよ
じゃあオレはこれ！
オレはこんなのつくってみた
どっちも飛《と》びそう！
これがいちばんに決《き》まってるよ
私《わたし》もそう思《おも》う♡
私《わたし》も♡♡
キャー

この話《はなし》は「ホント」？　それとも「ウソ」？
考《かんが》えてみよう！

ヒント：紙飛行機《かみひこうき》っぽくない形《かたち》だけど…

ホント

よく飛《と》ぶ紙《かみ》飛《ひ》行《こう》機《き》のひとつに、マンガの3コマ目《め》に登《とう》場《じょう》した形《かたち》があります。これは「アルソミトラ」という東《とう》南《なん》アジアの植物《しょくぶつ》の種《たね》を真似《まね》たものです。

アルソミトラの種《たね》は、この形《かたち》を利用《りよう》して遠《とお》くに飛《と》び(滑空《かっくう》し)、より広《ひろ》いはんいに仲間《なかま》をふやします。

さて、紙飛行機《かみひこうき》とはことなり、本物《ほんもの》の飛行機《ひこうき》にはさまざまな翼《つばさ》がついています。①主翼《しゅよく》は主《おも》にうく力《ちから》(揚力《ようりょく》)を得《え》るためのもので、②水平尾翼《すいへいびよく》は上下《じょうげ》の安定《あんてい》を、③垂直尾翼《すいちょくびよく》は左右《さゆう》の安定《あんてい》を保《たも》つ役割《やくわり》があります。

★飛行機《ひこうき》の翼《つばさ》と役割《やくわり》

①主翼《しゅよく》
③垂直尾翼《すいちょくびよく》
ローリング
AIRBUS A380
A380
❶
❷
❸
❸
❷
ピッチング
②水平尾翼《すいへいびよく》
ヨーイング

❶ラダー(ヨーイング:左右《さゆう》の動《うご》きをせいぎょする)
❷エルロン(ローリング:左右《さゆう》の回転《かいてん》をせいぎょする)
❸エレベーター(ピッチング:上下《じょうげ》の動《うご》きをせいぎょする)

アルソミトラ・グライダーを作ろう!!
これがアルソミトラの種《たね》ニャ!
!!
うまく風《かぜ》に乗《の》れそうな形《かたち》をしているね
もしかして…この形《かたち》の紙飛行機《かみひこうき》をつくったらよく飛《と》ぶんじゃない?
はっ
ご明答《めいとう》ニャ!
ビシッ!
でもオレ不器用《ぶきよう》なんだよなぁ…
大丈夫《だいじょうぶ》ニャ!一緒《いっしょ》につくるニャ
みんなもやってみるニャ!!

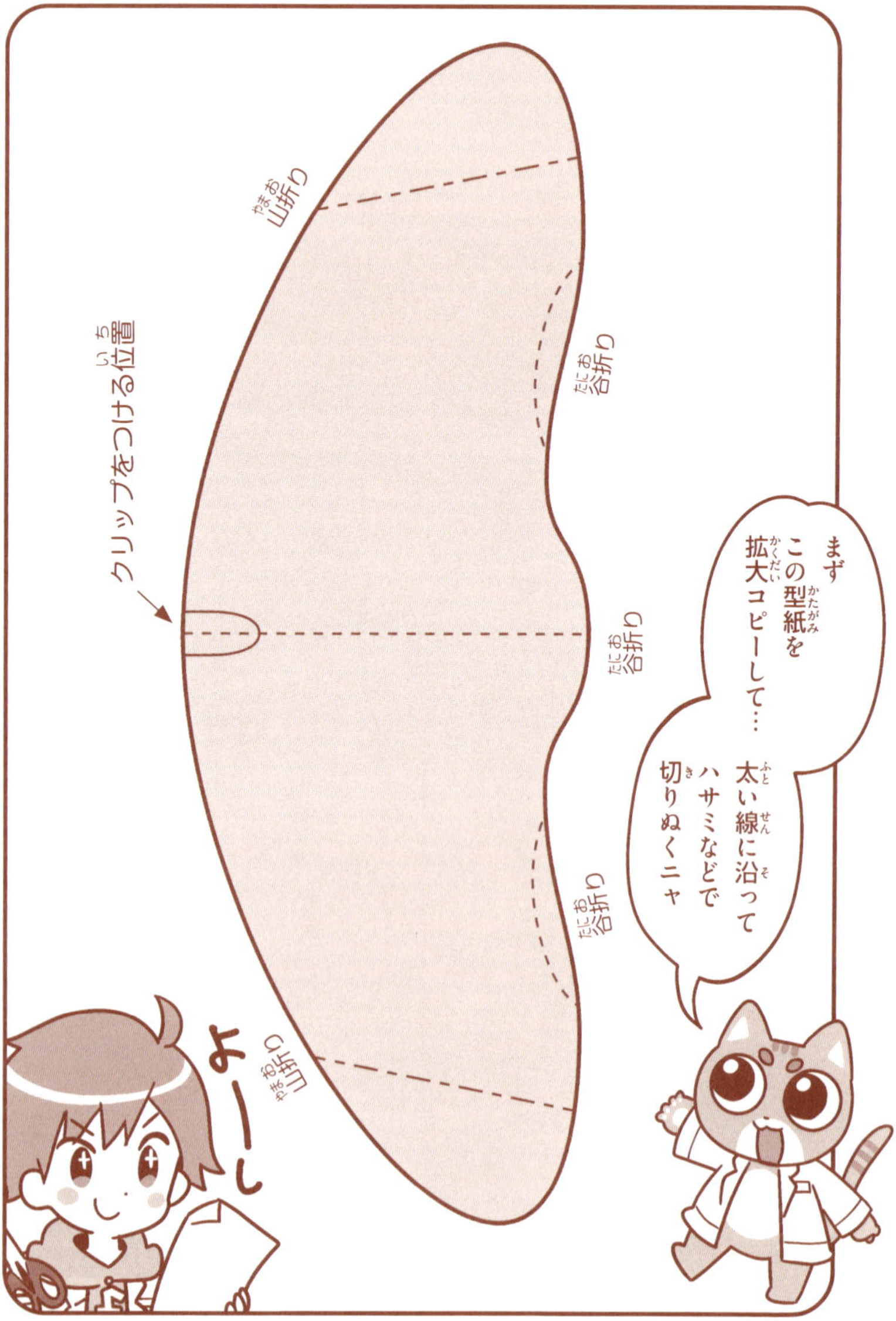

※グライダーのデザインは、『ものづくりハンドブック4』（仮説社《かせつしゃ》）を参考《さんこう》にした。

次《つぎ》に点線《てんせん》の部分《ぶぶん》を山折《やまお》りもしくは谷折《たにお》りにして…
ふむふむ
120°
120°
120°
頭《あたま》にクリップをつけたら完成《かんせい》ニャ！
完成《かんせい》!!
もくもく…
飛《と》ばすときはグライダーのおしりをつかんで水平《すいへい》に放《はな》つニャ
うまく飛《と》ばないときはクリップを前後《ぜんご》に動《うご》かしてベストな位置《いち》をさがすニャよ
真剣《しんけん》…
…
ちょき…
ちょき…

クリップの種類《しゅるい》や大《おお》きさをかえたり…
山折《やまお》りと谷折《たにお》りの角度《かくど》（折《お》り方《かた》）を調整《ちょうせい》してみるのも効果《こうか》があるニャ！
色々《いろいろ》実験《じっけん》して楽《たの》しんでみるニャ!!
レースしてみても楽《たの》しいニャ♪
アットはできたかニャ？
はっ
えっ あー…
しんちょうにやってたからやっと型紙《かたがみ》から切《き》りぬいたとこで…
まだ途中《とちゅう》だよ～
どれどれ見《み》せてみるニャ
はい…
めっちゃ器用《きよう》ニャ!!!

←次《つぎ》の話《はなし》へGO《ゴー》！

ピカピカの10円玉《えんだま》 08話《わ》

この話《はなし》は「ホント」？　それとも「ウソ」？
考《かんが》えてみよう！

ヒント：よごれの原因《げんいん》は…

ウソ

（サラダ油《ゆ》につけても、きれいにならない）

銅《どう》でできた、発行《はっこう》されたばかりの新《あたら》しい10円玉《えんだま》は、きれいな赤《せき》かっ色《しょく》（銅《どう》の色《いろ》）をしています。しかし、多《おお》くの人《ひと》の手《て》にわたるにつれ、手《て》あか（皮脂《ひし》やタンパク質《しつ》など）がついて、黒《くろ》ずんでいきます。また、銅《どう》は金属《きんぞく》なので、そのさびも、よごれの一部《いちぶ》となります。

　手《て》あかは石《せっ》けんで洗《あら》うと落《お》ちますが、さびは落《お》ちません。そこで登場《とうじょう》するのが、レモン汁《じる》やマヨネーズ、ケチャップです。これらは、さびをとかす「酸《さん》」をふくむので、しばらくつけておくと、さびが落《お》ちるというわけです。

　なお、サラダ油《ゆ》は酸《さん》をふくまないので、10円玉《えんだま》のさびは落《お》ちません。

お酢《す》やコーラ
うめぼしなども
酸《さん》をふくんで
いるよ！

すごい炭《すみ》　09話《わ》

ごはん盛《も》りつけてちょうだい
はーい
お母《かあ》さん！お米《こめ》の中《なか》に黒《くろ》い木《き》が入《はい》ってる
備長炭《びんちょうたん》よ
それを入《い》れてたくとごはんがおいしくなるって聞《き》いたから実験《じっけん》してみたの
それは盛《も》りつけなくていいのよ

ごはんがおいしくなるって「ホント」？　それとも「ウソ」？
考《かんが》えてみよう！

ヒント：備長炭《びんちょうたん》には、小《ちい》さい孔《あな》がたくさんあいている…

ホント

(備長炭《びんちょうたん》を入《い》れてたくと、ごはんがおいしくなる)

「ウバメガシ」という木《き》を、高《こう》温《おん》で焼《や》いてつくった炭《すみ》を「備長《びんちょう》炭《たん》」といいます※。備長炭《びんちょうたん》は古《ふる》くから燃料《ねんりょう》として使《つか》われてきました。ふつうの炭《すみ》よりかたいので、備長炭《びんちょうたん》どうしを打《う》ち合《あ》わせると、金属《きんぞく》のような高《たか》い音《おと》がします。

炊飯器《すいはんき》に備長炭《びんちょうたん》を入《い》れると、ごはんがおいしくたきあがります。いったいなぜでしょうか。備長炭《びんちょうたん》には、小《ちい》さな孔《あな》がたくさんあいています。この孔《あな》に、水《すい》道水《どうすい》にふくまれる塩素《えんそ》などがくっつき(吸着《きゅうちゃく》し)、取《と》り除《のぞ》かれることで、ごはんの味《あじ》がよくなるというわけです。

備長炭《びんちょうたん》にはほかにも、消臭効《しょうしゅうこう》果《か》(においの成分《せいぶん》を吸着《きゅうちゃく》する)や、除湿効果《じょしつこうか》(空気中《くうきちゅう》の水分《すいぶん》を吸着《きゅうちゃく》する)があります。

★備長炭《びんちょうたん》

※ウバメガシ以外《いがい》の木《き》でつくったものも、備長炭《びんちょうたん》とよぶ場合《ばあい》がある。

炎《ほのお》にみそ汁《しる》　10話《わ》

炎《ほのお》が黄色《きいろ》く光《ひか》るのは「ホント」?　それとも「ウソ」?
考《かんが》えてみよう!

ヒント:みそ汁《しる》には塩《しお》が…

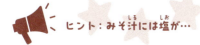

ホント

(ふきこぼれたみそ汁《しる》で、炎《ほのお》が黄色《きいろ》く光《ひか》る)

みそ汁《しる》がふきこぼれてガスコンロの炎《ほのお》にかかると、炎《ほのお》が一瞬《いっしゅん》黄色《きいろ》く光《ひか》ります。

これは、みそ汁《しる》の塩《しお》（塩化《えんか》ナトリウム）にふくまれる「ナトリウム」が熱《ねっ》せられ、化学反応《かがくはんのう》がおきたためです。これを「炎色反応《えんしょくはんのう》」といいます。

炎《ほのお》の色《いろ》は、熱《ねっ》せられるもの（元素《げんそ》）によってかわります。たとえば、「銅《どう》」の場合《ばあい》は青緑色《あおみどりいろ》に、「カルシウム」の場合《ばあい》はだいだい色《いろ》に、「リチウム」の場合《ばあい》は赤色《あかいろ》になります。

打《う》ち上《あ》げ花火《はなび》も、炎色反応《えんしょくはんのう》を利用《りよう》して、さまざまな色《いろ》をつくりだしています。

ちなみに、打《う》ち上《あ》げ花火《はなび》で見《み》られるキラキラときらめく光《ひかり》は、火薬《かやく》に金属《きんぞく》（アルミニウム、チタン、鉄《てつ》など）の粉末《ふんまつ》をまぜ、火薬《かやく》を2000℃以上《いじょう》の高温《こうおん》で爆発的《ばくはつてき》に燃《も》えるようにすることで、生《う》みだされます。

まぜると何色《なにいろ》？　11話《わ》

図工室
紫《むらさき》がない…
赤《あか》と青《あお》をまぜたらつくれるよ
なるほどサンキュー♪
光《ひかり》もさ…赤《あか》と青《あお》をまぜたら紫《むらさき》になるのかな
なるんじゃない？
むにゅ～
…それオレの絵《え》の具《ぐ》だから
ばれた

光《ひかり》も、赤《あか》と青《あお》をまぜたら紫《むらさき》になるというのは「ホント」？　それとも「ウソ」？　考《かんが》えてみよう！

ヒント：かいちゅう電灯《でんとう》とセロハンで実験《じっけん》してみよう！

ホント

かいちゅう電灯《でんとう》を2本《ほん》用意《ようい》し、それぞれに赤色《あかいろ》もしくは青色《あおいろ》のセロハンをはって、光《ひかり》を重《かさ》ねあわせてみましょう。紫色《むらさきいろ》の光《ひかり》ができるはずです。

光《ひかり》は、絵《え》の具《ぐ》などと同《おな》じように、複数《ふくすう》の色《いろ》をまぜることでさまざまな色《いろ》をつくりだせます。複数《ふくすう》といっても、使《つか》うのは赤《あか》・緑《みどり》・青《あお》だけです。この3つがあれば、ほとんどの色《いろ》が再現《さいげん》できます。

これを「光《ひかり》の三原色《さんげんしょく》」といいます。赤《あか》は英語《えいご》でRed《レッド》、緑《みどり》はGreen《グリーン》、青《あお》はBlue《ブルー》であることから、「RGB《アールジービー》カラー」ともよばれます。なお、光《ひかり》の三《さん》原色《げんしょく》は、すべてまぜると白《しろ》になります。

★光《ひかり》の三原色《さんげんしょく》

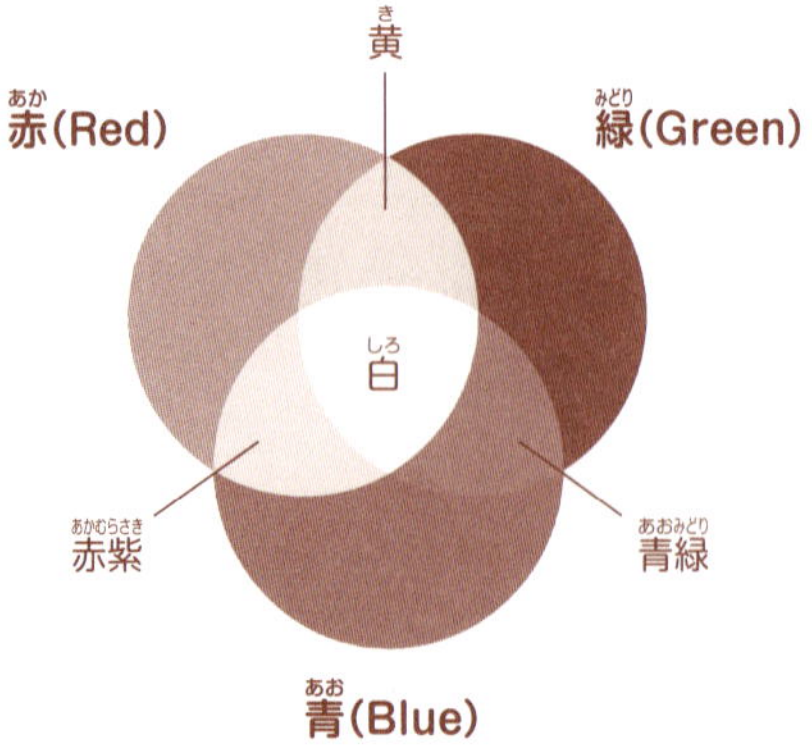
黄《き》
赤《あか》(Red)
緑《みどり》(Green)
白《しろ》
赤紫《あかむらさき》
青緑《あおみどり》
青《あお》(Blue)

シャンプーがない！

12 話《わ》

あれ？シャンプーがない…
しょうがないリンスで洗《あら》ってみるか…
実験《じっけん》だ！
kokyu rinse
わしゃ
わしゃ
よごれがいつもよりスッキリ落《お》ちる…♡
よし今度《こんど》から毎回《まいかい》リンスで洗《あら》おっと♪
←母《はは》
アンタ 私《わたし》の使《つか》ったでしょ？
ド
キ

この話《はなし》は「ホント」？　それとも「ウソ」？

考《かんが》えてみよう！

ヒント：リンスはシャンプーのあと…

ウソ

（リンスでよごれは落《お》ちない）

シャンプーが「髪《かみ》のよごれを落《お》とすためのもの」であるのに対《たい》し、リンスは「髪《かみ》の手《て》ざわりをよくするためのもの」です。つまり、リンスで洗《あら》っても髪《かみ》はきれいになりません。

　シャンプーは、どのようによごれを落《お》とすのでしょうか。髪《かみ》のよごれや、においの主《おも》な原因《げんいん》は、頭皮《とうひ》から出《で》る油分《ゆぶん》です。この油分《ゆぶん》を、シャンプーにふくまれる「界面活性剤《かいめんかっせいざい》」が包《つつ》みこみ、水《みず》に流《なが》します。

　界面活性剤《かいめんかっせいざい》はリンスにも入《はい》っていますが、こちらは髪《かみ》の表面《ひょうめん》をおおうようにできています。これにより、髪《かみ》の手《て》ざわりがよくなります。

★シャンプー（上《うえ》）とリンス（下《した》）のちがい

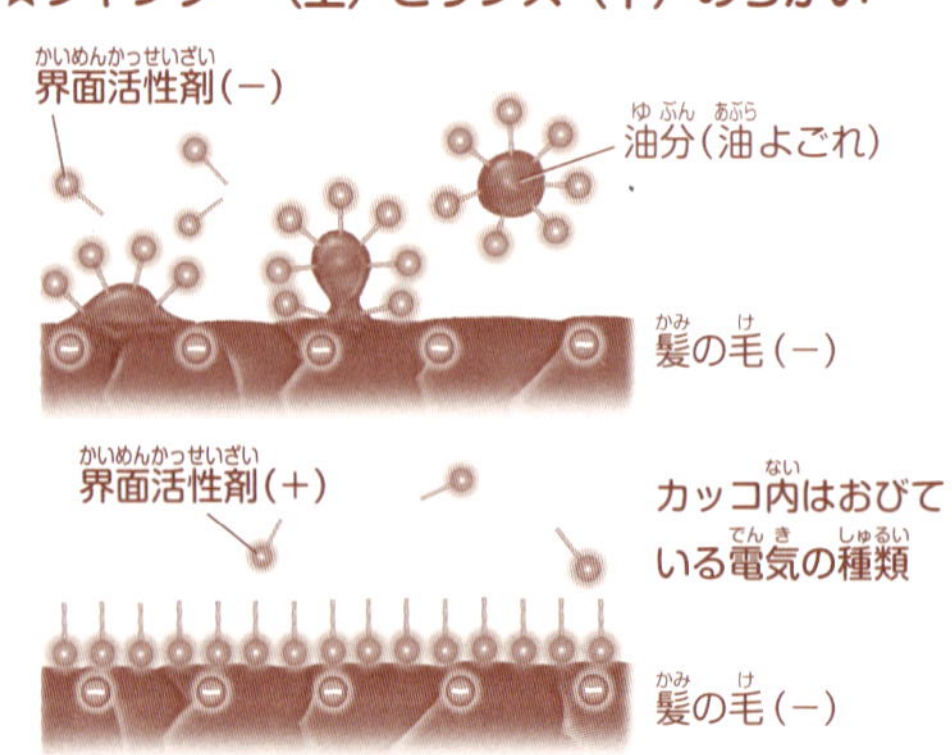
界面活性剤《かいめんかっせいざい》(−)
油分《ゆぶん》(油《あぶら》よごれ)
髪《かみ》の毛《け》(−)
界面活性剤《かいめんかっせいざい》(+)
カッコ内《ない》はおびている電気《でんき》の種類《しゅるい》
髪《かみ》の毛《け》(−)

※髪《かみ》は、まわりのかんきょうが中性《ちゅうせい》やアルカリ性《せい》になると、マイナスの電気《でんき》をおびる（シャンプーは中性《ちゅうせい》なので、マイナスの電気《でんき》をおびる）。

ナオとニャーのヒソヒソ話《ばなし》

カイロは、なぜあたたかくなる？

寒《さむ》い日《ひ》に活《かつ》やくする「カイロ」は、どのようなしくみであたたかくなるのでしょうか。

カイロの中《なか》には、①鉄粉《てっぷん》、②活性炭《かっせいたん》、③塩類《えんるい》、④水《みず》、⑤保水《ほすい》剤《ざい》（バーミキュライトなど）が入《はい》っています。

カイロを外《そと》ぶくろから取《と》りだすと、①が空気中《くうきちゅう》の酸素《さんそ》と結《むす》びつきます（これを酸化《さんか》という）。酸化《さんか》がきゅうげきにおこると、熱《ねつ》（光《ひかり》）が発生《はっせい》します。カイロはこの熱《ねつ》を利用《りよう》します。

酸化《さんか》をうながすのが、②〜⑤です。②は目《め》に見《み》えない小《ちい》さな孔《あな》がたくさんあいていて、空気《くうき》中《ちゅう》の酸素《さんそ》を取《と》りこみます。③と④は酸化《さんか》の速度《そくど》を速《はや》め、⑤は④をためておきます。

ためしに、カイロを密閉《みっぺい》できるふくろに入《い》れ、空気《くうき》をぬいてしばらく置《お》いてみましょう。酸《さん》化《か》が進《すす》まなくなり、発熱《はつねつ》は止《と》まるはずです。ふくろの口《くち》を開《あ》ければ、ふたたび酸化《さんか》（発熱《はつねつ》）がはじまります。

ミッション
MISSION

02

頭《あたま》を使《つか》う実験《じっけん》

乾電池復活《かんでんちふっかつ》 01話《わ》

この話《はなし》は「ホント」？　それとも「ウソ」？
考《かんが》えてみよう！

ヒント：乾電池《かんでんち》の中《なか》では化学反応《かがくはんのう》が…

ホント

(乾電池《かんでんち》はあたためると少《すこ》し復活《ふっかつ》する)

乾電池《かんでんち》は、化学反応《かがくはんのう》をおこすことで電気《でんき》をつくりだします。手《て》であたためると、この化学反《かがくはん》応《のう》の速度《そくど》が増《ま》すため、力《ちから》つきた乾電池《かんでんち》が少《すこ》し復活《ふっかつ》するというわけです。

ちなみに、世界初《せかいはつ》の実用的《じつようてき》な電池《でんち》は、イギリスのジョン・フレデリック・ダニエルが1836年《ねん》に発明《はつめい》しました。この「ダニエル電池《でんち》」は、2種類《しゅるい》の金属《きんぞく》板《ばん》を導線《どうせん》でつなぎ、電解液《でんかいえき》に入《い》れることで(化学反応《かがくはんのう》がおきる)電気《でんき》をつくりだします。

金属板《きんぞくばん》と電解液《でんかいえき》を、図《ず》(←)のように置《お》きかえたのが「マンガン乾電池《かんでんち》」です。

★ダニエル電池《でんち》(左《ひだり》)とマンガン乾電池《かんでんち》(右《みぎ》)のしくみ

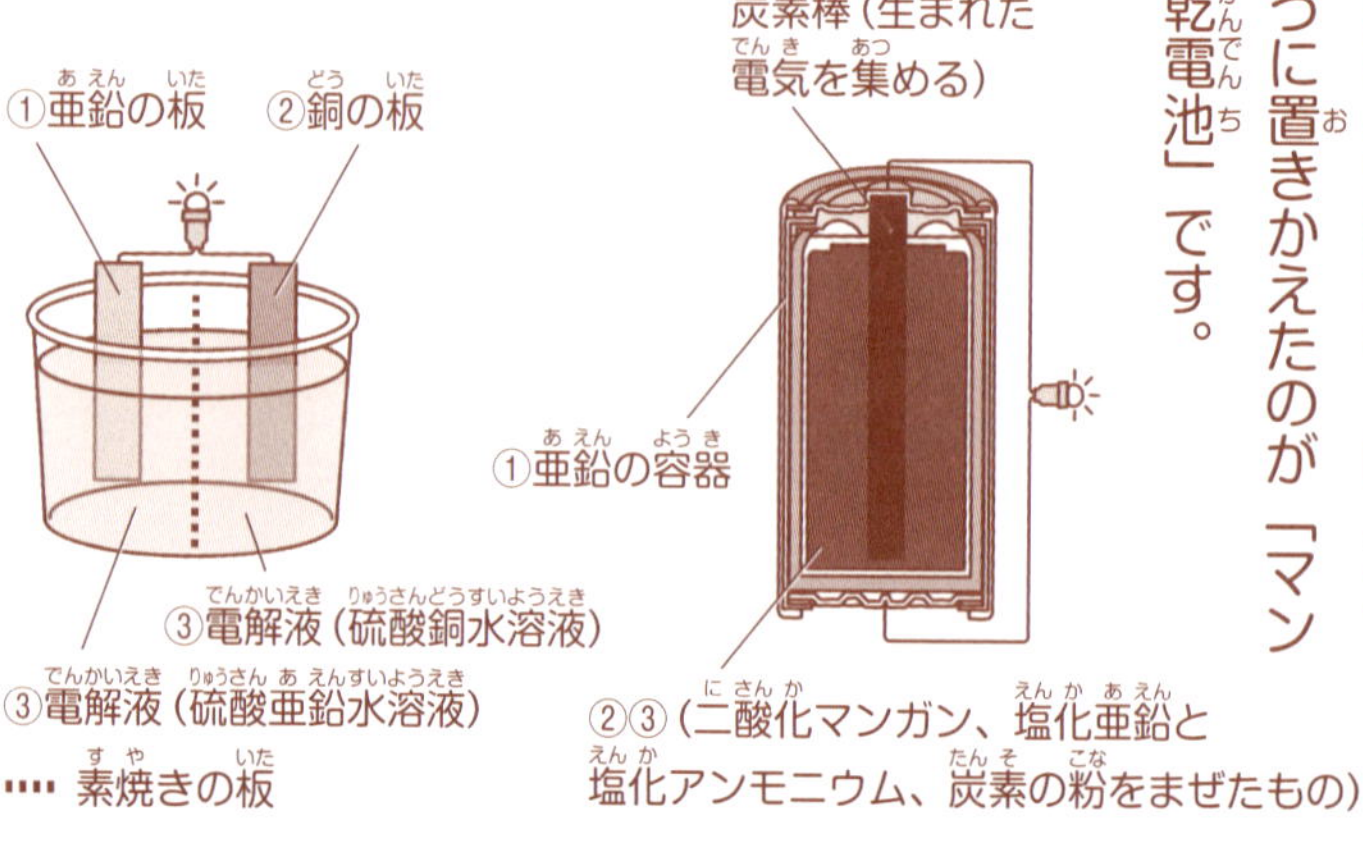
①亜鉛《あえん》の板《いた》
②銅《どう》の板《いた》
③電解液《でんかいえき》(硫酸銅水溶液《りゅうさんどうすいようえき》)
③電解液《でんかいえき》(硫酸亜鉛水溶液《りゅうさんあえんすいようえき》)
····素焼《すや》きの板《いた》
炭素棒《たんそぼう》(生《う》まれた電気《でんき》を集《あつ》める)
①亜鉛《あえん》の容器《ようき》
②③(二酸化《にさんか》マンガン、塩化亜鉛《えんかあえん》と塩化《えんか》アンモニウム、炭素《たんそ》の粉《こな》をまぜたもの)

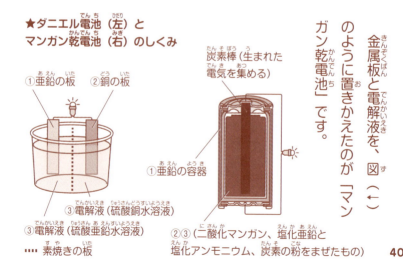

虫《むし》をよぶ光《ひかり》　02話《わ》

カブトムシ飼《か》いたいなー
お兄《にい》ちゃん私《わたし》いいこと思《おも》いついた！
カーテンを開《あ》けたまま電気《でんき》をつけておけばカブトムシが寄《よ》ってくるんじゃない？
この部屋《へや》はLED《エルイーディ》照明《しょうめい》だからたくさんくるかもな…
明《あか》るいトコ好《す》き♡
よし やってみるか
数分後《すうふんご》
ギャー！ガだらけ!!!
ワー

LED《エルイーディ》照明《しょうめい》にガが寄《よ》ってくるのは「ホント」？　それとも「ウソ」？
考《かんが》えてみよう！

ヒント：同《おな》じ経験《けいけん》がある人《ひと》には簡単《かんたん》だね！

ウソ

（LED《エルイーディ》照明《しょうめい》には、ガもカブトムシも寄《よ》ってこない）

夜《よる》、公園《こうえん》などにある街灯《がいとう》（水《すい》銀灯《ぎんとう》※）を観察《かんさつ》すると、ガやカブトムシなどの昆虫《こんちゅう》が集《あつ》まっていることがあります。これは、光《ひかり》に向《む》かって進《すす》む「走光性《そうこうせい》」という習性《しゅうせい》によるものです。

〝光《ひかり》の好《この》み〟は生《い》きものによってことなりますが、多《おお》くの昆虫《こんちゅう》は「紫外線《しがいせん》」をふくむ光《ひかり》に強《つよ》くひかれるようです。

蛍光灯《けいこうとう》や水銀灯《すいぎんとう》、ブラックライトなどは、紫外線《しがいせん》をふくむ光《ひかり》を放《はな》ちます。これに対《たい》し、LE《エルイー》D《ディ》照明《しょうめい》から出《で》る光《ひかり》は、紫外線《しがいせん》をほとんどふくまないので、ガもカブトムシも寄《よ》ってきません。

走光性《そうこうせい》は昆虫以外《こんちゅういがい》の生《い》きものにも見《み》られるんだよね
そうニャ！たとえばイカやサンマは青《あお》い光《ひかり》に強《つよ》くひかれるニャ

※街灯《がいとう》は、LED《エルイーディ》が使《つか》われているものも多《おお》い。

磁石《じしゃく》にくっつくのはいくら？

03 話《わ》

ワーイ
ワーイ
こんなにたまった♡
うれしいなぁ〜
ねーねー お母《かあ》さん 見《み》て見《み》てー
ニヒヒヒ…
ねーってば！
あれ？ 500円玉《えんだま》がない！
どうしたの
うしし…

500円玉《えんだま》が磁石《じしゃく》にくっつくって「ホント」？　それとも「ウソ」？
考《かんが》えてみよう！

ヒント：実際《じっさい》に試《ため》してみよう！

ウソ

(硬貨《こうか》はすべて、磁石《じしゃく》にくっつかない)

磁石《じしゃく》はどんな金属《きんぞく》にもくっつくイメージがあります。しかし実際《じっさい》には、鉄《てつ》、コバルト、ニッケルにしかくっつきません。

鉄《てつ》などの「純金属《じゅんきんぞく》」に対《たい》し、金属《きんぞく》に1種類《しゅるい》以上《いじょう》の金属《きんぞく》または非金属《ひきんぞく》をまぜた物質《ぶっしつ》を「合金《ごうきん》」といいます。

合金《ごうきん》には、磁石《じしゃく》にくっつくものと、くっつかないものがあります。たとえば、ジュースのかんに使《つか》われる「スチール」(鉄《てつ》と炭素《たんそ》の合金《ごうきん》)は、くっつきます。

一方《いっぽう》、銅《どう》と亜鉛《あえん》の合金《ごうきん》(=真《しん》ちゅう)でつくられた5円玉《えんだま》や、銅《どう》・亜鉛《あえん》・スズの合金《ごうきん》(=青銅《せいどう》)でつくられた10円玉《えんだま》は、磁石《じしゃく》にくっつきません。

50円玉《えんだま》と100円玉《えんだま》は、銅《どう》とニッケルの合金《ごうきん》(=白銅《はくどう》)で、ニッケルをふくみますが、くっつきません。

500円玉《えんだま》も、銅《どう》・白銅《はくどう》・ニッケル黄銅《おうどう》という3つの金属《きんぞく》を組《く》み合《あ》わせてつくられていますが、こちらも磁石《じしゃく》にくっつきません※。

※1円玉《えんだま》はアルミニウムでできているので、磁石《じしゃく》にくっつかない。

電気《でんき》を通《とお》すのは…　04話《わ》

硬貨《こうか》は「電気《でんき》を通《とお》す」？　「電気《でんき》を通《とお》さない」？
考《かんが》えてみよう！

ヒント：イメージとのギャップが…

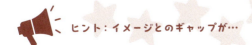

硬貨《こうか》は電気《でんき》を通《とお》す

純金属《じゅんきんぞく》でも合金《ごうきん》でも、金属《きんぞく》はすべて電気《でんき》を通《とお》します。つまり硬貨《こうか》は何円玉《なんえんだま》でも、電気《でんき》を通《とお》すということです。

ただし、電気《でんき》の通《とお》しやすさは金属《きんぞく》によってことなります。純《じゅん》金属《きんぞく》の場合《ばあい》、最《もっと》も電気《でんき》を通《とお》しやすいのは銀《ぎん》で、銅《どう》、金《きん》、アルミ、鉄《てつ》…とつづきます。

さて、ここでふたたび登場《とうじょう》するのがスチールです。スチールとは、鉄《てつ》にわずかな炭素《たんそ》をまぜた合金《ごうきん》です。炭素《たんそ》は金属《きんぞく》ではありませんが、電気《でんき》を通《とお》すのでしょうか。

試《ため》しに、炭素《たんそ》をふくむ「鉛筆《えんぴつ》のしん」に、電池《でんち》・導線《どうせん》・豆電《まめでん》球《きゅう》をつないで、回路《かいろ》をつくってみましょう。どうです? 豆電《まめでん》球《きゅう》が光《ひか》りましたね。つまり、炭《たん》素《そ》も電気《でんき》を通《とお》すことがわかります。

とりょうを塗《ぬ》ると
金属《きんぞく》でも電気《でんき》を
通《とお》さなくなるよ

コイル・マジック　05話《わ》

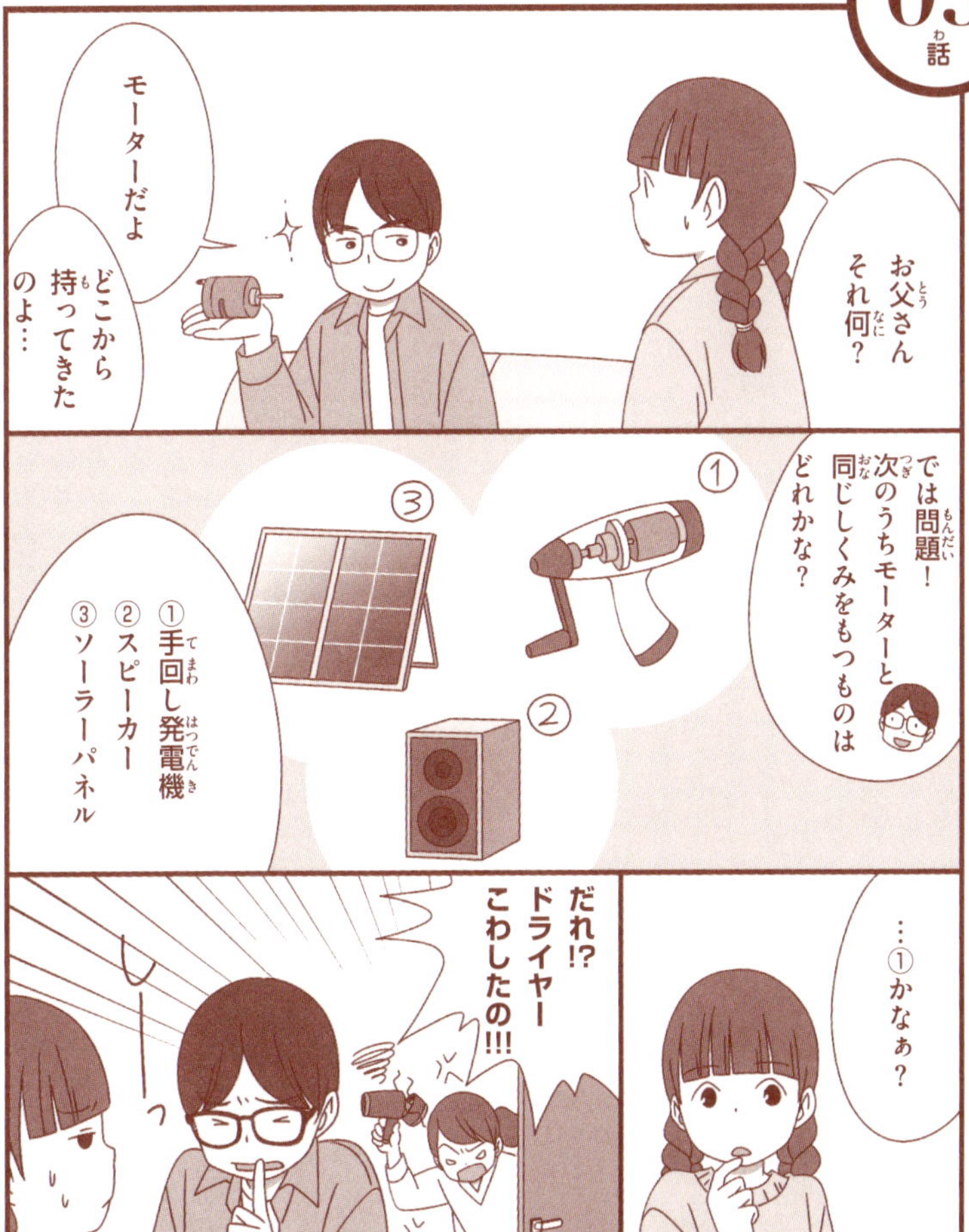
お父《とう》さん それ何《なに》？
モーターだよ
どこから持《も》ってきたのよ…
では問題《もんだい》！ 次《つぎ》のうちモーターと同《おな》じしくみをもつものはどれかな？
①
③
②
① 手回《てまわ》し発電機《はつでんき》
② スピーカー
③ ソーラーパネル
…①かなぁ？
だれ!? ドライヤーこわしたの!!!

君《きみ》は①～③のうち、どれが正解《せいかい》だと思《おも》う？
考《かんが》えてみよう！

ヒント：電気《でんき》をつくるもの…

モーターと同《おな》じしくみをもつものは…

①手回《てまわ》し発電機《はつでんき》

暮《く》らしのなかのさまざまな機《き》器《き》に使《つか》われているのが「モーター」です。モーターには、導線《どうせん》をぐるぐる巻《ま》きにした「コイル」と、永久磁石《えいきゅうじしゃく》が入《はい》っています。

コイルに電流《でんりゅう》を流《なが》すと、コイルが磁石《じしゃく》になります※。これが永久磁石《えいきゅうじしゃく》と引《ひ》きあったり、反発《はんぱつ》しあったりすることで、回転《かいてん》(動力《どうりょく》)が生《う》まれます。

実《じつ》は、コイルにはおもしろい性質《せいしつ》があります。コイルの近《ちか》くで磁石《じしゃく》を動《うご》かすと、コイルに電《でん》流《りゅう》が流《なが》れるのです。つまり、モーターのコイルを何《なん》らかの方法《ほうほう》で回転《かいてん》させれば、電気《でんき》が生《う》まれるということです。

手回《てまわ》し発電機《はつでんき》は、この性質《せいしつ》を利《り》用《よう》したものです。ぜひ、手《て》にとって観察《かんさつ》してみてください。

★分解《ぶんかい》したモーター

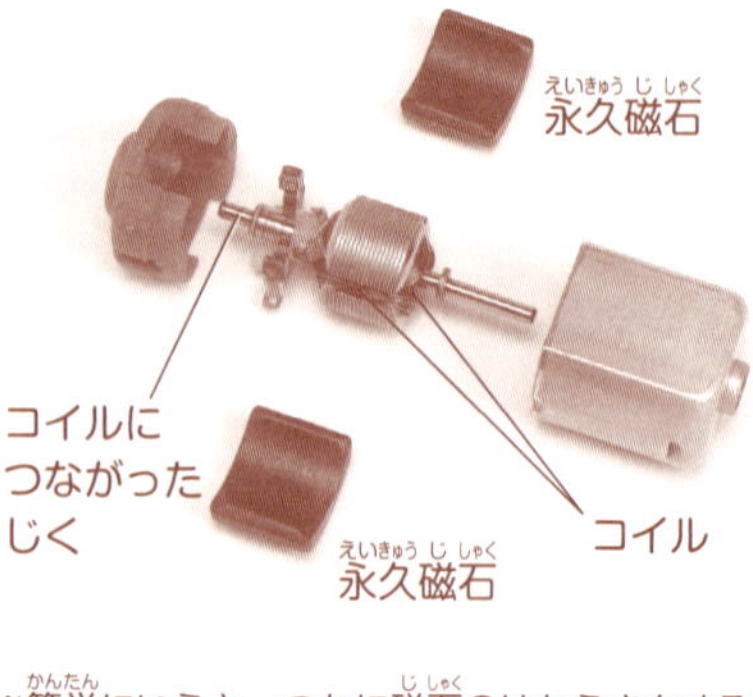
永久磁石《えいきゅうじしゃく》
コイルにつながったじく
コイル
永久磁石《えいきゅうじしゃく》

※簡単《かんたん》にいうと、つねに磁石《じしゃく》のはたらきをするのが「永久磁石《えいきゅうじしゃく》」。
これに対《たい》し、電流《でんりゅう》を流《なが》すと磁石《じしゃく》のようなはたらきをするものを「電磁石《でんじしゃく》」という。

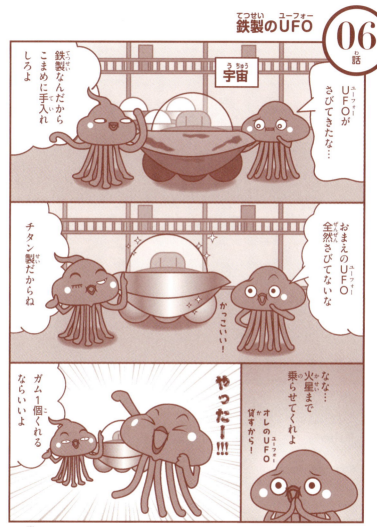

鉄製《てつせい》のUFO《ユーフォー》　06話《わ》

この話《はなし》は「ホント」？　それとも「ウソ」？
考《かんが》えてみよう！

ヒント：宇宙《うちゅう》には○○がないので…

ウソ

(宇宙空間《うちゅうくうかん》では、鉄《てつ》もチタンもさびない)

金属《きんぞく》のさびは酸化《さんか》という化学《かがく》反応《はんのう》によって、つまり金属《きんぞく》が酸《さん》素《そ》と結《むす》びつくことで生《う》まれます(→37ページ)。宇宙空間《うちゅうくうかん》には、酸素《さんそ》も、酸化《さんか》をうながす水《みず》も塩《えん》類《るい》もないので、鉄《てつ》もチタンもさびません。

さて、地球《ちきゅう》で見《み》られる鉄《てつ》のさびは2種類《しゅるい》あります。ひとつが「赤《あか》さび」です。名前《なまえ》のとおり見《み》た目《め》の赤《あか》いさびで、鉄《てつ》をボロボロにします。

もうひとつが、見《み》た目《め》の黒《くろ》い「黒《くろ》さび」です。黒《くろ》さびは、鉄《てつ》を空気中《くうきちゅう》で焼《や》くなどすると生《う》まれます。赤《あか》さびの発生《はっせい》を防《ふせ》ぐ効《こう》果《か》があるため、鉄製《てっせい》の中華《ちゅうか》なべやフライパン、鉄器《てっき》などには黒《くろ》さびがほどこされています。

銅像《どうぞう》の緑色《みどりいろ》は
実《じつ》は銅《どう》のさびの
色《いろ》なんじゃよ

ジュースはあふれる？　07話《わ》

今日《きょう》も暑《あつ》いね
パタパタ
ねぇ クイズ出《だ》していい？
氷《こおり》の入《はい》ったジュースがあります
これをあたためて氷《こおり》をとかしたらどうなるでしょう？
①氷《こおり》がとけた分《ぶん》、水面《すいめん》が上《あ》がる
②水面《すいめん》の高《たか》さはかわらない
①だと思《おも》うけど…
ジュースは冷《つめ》たいほうがおいしいよ
ジリジリ
そうだそうだ…それが正解《せいかい》だぁ〜

君《きみ》は①と②、どちらが正解《せいかい》だと思《おも》う？
考《かんが》えてみよう！

ヒント：夏《なつ》によく目《め》にする光景《こうけい》だね！

②水面《すいめん》の高《たか》さはかわらない

ジュースの氷《こおり》がとけても、水《すい》面《めん》の高《たか》さはかわりません。これは、少《すこ》しむずかしいですが「アルキメデスの原理《げんり》」で説明《せつめい》することができます。アルキメデスとは、古代《こだい》ギリシャで活《かつ》やくした科学者《かがくしゃ》の名前《なまえ》です。

同《おな》じことは、地球《ちきゅう》にもいえます。北極《ほっきょく》の氷《こおり》は海《うみ》にういているので、とけても海面《かいめん》は上《あ》がりません※。ただし、南極《なんきょく》やグリーンランドなど、大陸《たいりく》の上《うえ》にある氷《こおり》がとけて、その水《みず》が海《うみ》に流《なが》れこむと、海面《かいめん》は上《あ》がります。

★水面《すいめん》の高《たか》さはなぜかわらない？

●水《みず》にうかぶ氷《こおり》では、①氷全体《こおりぜんたい》の重《おも》さと、②水面《すいめん》より下《した》の氷《こおり》が受《う》けるうく力《ちから》がつりあっている（①=②）。

●アルキメデスの原理《げんり》によれば、②水面《すいめん》より下《した》の氷《こおり》が受《う》けるうく力《ちから》と、③水面《すいめん》より下《した》の氷《こおり》と同《おな》じ体積《たいせき》の水《みず》の重《おも》さは等《ひと》しい（②=③）。

↓

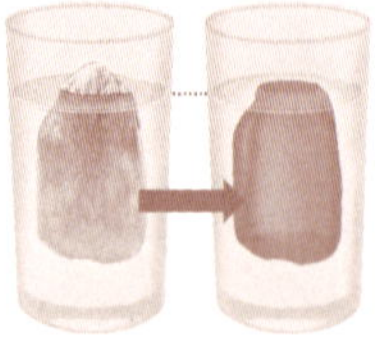

これらから、①と③も等《ひと》しいといえる。水《みず》の場合《ばあい》「重《おも》さ」と「体積《たいせき》」は等《ひと》しいので、「①氷全体《こおりぜんたい》の体積と、③水面《すいめん》より下《した》の氷《こおり》の体積は等《ひと》しい」と言《い》いかえられる。

↓

つまり、氷全体《こおりぜんたい》が水《みず》にかわっても、水面《すいめん》の高《たか》さはかわらない！

※より正確《せいかく》には、海水《かいすい》は「塩水《しおみず》」で氷《こおり》は「真水《まみず》」なので、海面《かいめん》はわずかに上《あ》がる。

08話《わ》　永久機関《えいきゅうきかん》

助手《じょしゅ》よ！
ワシはすごいそうちを考《かんが》えついたぞ!!
①から転《ころ》がした鉄球《てっきゅう》は②に進《すす》む
②に着《つ》いた鉄球《てっきゅう》は頂上《ちょうじょう》にある磁石《じしゃく》の力《ちから》で坂《さか》をのぼり…
坂《さか》をのぼり切《き》ると穴《あな》を通《とお》ってふたたび②にもどる
つまり鉄球《てっきゅう》は永久《えいきゅう》に転《ころ》がりつづけるというわけじゃ！
①
②
すごい！
でそうちはどこに？
これから作《つく》る♡
ズコー

博士《はかせ》の話《はなし》は「ホント」？　それとも「ウソ」？
考《かんが》えてみよう！

ヒント：強《つよ》い磁石《じしゃく》も弱《よわ》い磁石《じしゃく》もある…

ウソ

（鉄球《てっきゅう》は止《と》まる）

外《そと》から何《なん》の力《ちから》（エネルギー）を加《くわ》えなくても、ひとりでに動《うご》きつづけるそうちを「永久機関《えいきゅうきかん》」といいます。18世紀《せいき》には、さまざまな永久機関《えいきゅうきかん》が考《かんが》えだされましたが、現在《げんざい》では実現不可能《じつげんふかのう》であることがわかっています。

問題《もんだい》に登場《とうじょう》したそうちも、そのひとつです。

①の穴《あな》から転《ころ》がった鉄球《てっきゅう》は、②にきたところで磁石《じしゃく》に引《ひ》き寄《よ》せられ、坂《さか》をのぼります。

強《つよ》い磁石《じしゃく》の場合《ばあい》、鉄球《てっきゅう》は坂《さか》の頂上《ちょうじょう》で磁石《じしゃく》にくっつく、もしくは、穴《あな》に落《お》ちるが①と②の間《あいだ》で止《と》まります。

弱《よわ》い磁石《じしゃく》の場合《ばあい》、鉄球《てっきゅう》は磁石《じしゃく》にくっついたり、①と②の間《あいだ》で止《と》まったりはしませんが、今度《こんど》は②で坂《さか》をのぼりません。

★永久機関《えいきゅうきかん》の例《れい》

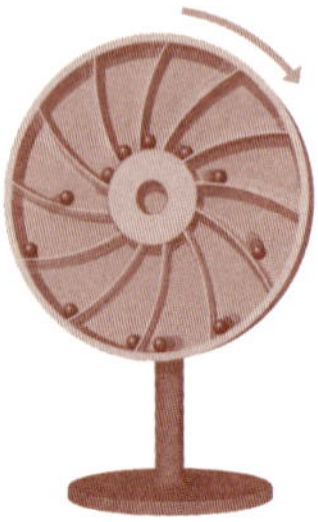

（←）鉄球《てっきゅう》が転《ころ》がる力《ちから》で円盤《えんばん》はまわりつづけるように思《おも》われるが、実際《じっさい》は止《と》まってしまう。

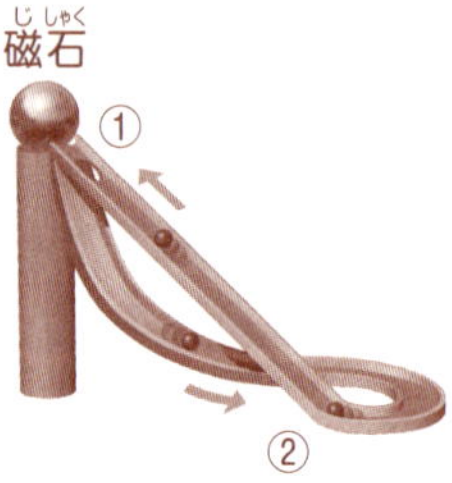

3びきの子《こ》ぶた　09話《わ》

兄《にい》ちゃん！オオカミに家《いえ》をこわされちゃった
よしよし段《だん》ボールでつくったオレの家《いえ》に一緒《いっしょ》に住《す》もう
あいつ屋根《やね》にのって重《おも》さで家《いえ》をつぶそうとするんだ
じゃあ柱《はしら》の形《かたち》をかえて家《いえ》を強《つよ》くしないとな…
どれがいちばん上《うえ》からの力《ちから》に強《つよ》いかな…
①四角柱《しかくちゅう》
②三角柱《さんかくちゅう》
③円柱《えんちゅう》

君《きみ》は①〜③のうち、どれが最《もっと》も強《つよ》いと思《おも》う？
考《かんが》えてみよう！

ヒント：３種類《しゅるい》の柱《はしら》をつくって、実際《じっさい》に試《ため》してみよう！

最《もっと》も強《つよ》いのは… ③円柱《えんちゅう》

問題《もんだい》に登場《とうじょう》した3つを、上《うえ》からの力《ちから》に強《つよ》い順《じゅん》に並《なら》べると、③円柱《えんちゅう》、①四角柱《しかくちゅう》、②三角柱《さんかくちゅう》となります。

　円柱《えんちゅう》が最《もっと》も強《つよ》いのは、どの場《ば》所《しょ》にも等《ひと》しく力《ちから》がかかるためです。角《かど》があると、力《ちから》がかかる場《ば》所《しょ》とかからない場所《ばしょ》が生《う》まれ、つぶれやすくなるのです。

　一方《いっぽう》で、工業製品《こうぎょうせいひん》(例《れい》:新幹《しんかん》線《せん》の床《ゆか》など)には、六角柱《ろっかくちゅう》を並《なら》べた「ハニカム構造《こうぞう》」がよく使《つか》われます。なぜ、円柱《えんちゅう》ではなく六角柱《ろっかくちゅう》なのでしょうか。

六角柱《ろっかくちゅう》は、円柱《えんちゅう》と同《おな》じくらいの強《つよ》さをもっています。また、円柱《えんちゅう》を並《なら》べるとすき間《ま》ができますが、六角柱《ろっかくちゅう》はすき間《ま》なく並《なら》べられます。これにより、しょうげきを吸収《きゅうしゅう》する力《ちから》が円柱《えんちゅう》よりも増《ま》すため、六角柱《ろっかくちゅう》が使《つか》われるというわけです。

★円柱《えんちゅう》と六角柱《ろっかくちゅう》

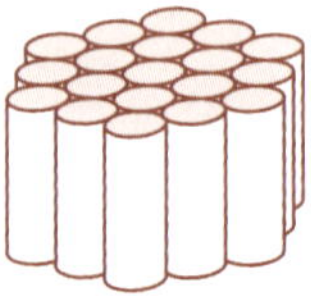

円柱《えんちゅう》

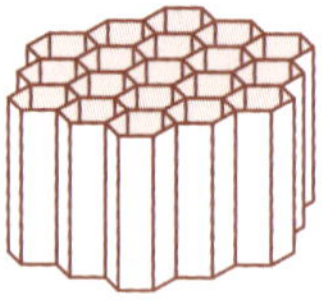

六角柱《ろっかくちゅう》
(ハニカム構造《こうぞう》)

紙《かみ》を燃《も》やす方法《ほうほう》　10話《わ》

父《とう》さん知《し》ってる？
虫《むし》めがねで太陽光《たいようこう》を集《あつ》めると紙《かみ》を燃《も》やせるんだって！
オレもやってみたい
父《とう》さんにまかせろ
ただ…虫《むし》めがねがないんだよな
うーーん
そうだ！
！
同《おな》じ「レンズ」だからメガネでもいけるだろ
父《とう》さん頭《あたま》いい！

この話《はなし》は「ホント」？　それとも「ウソ」？
考《かんが》えてみよう！

ヒント：虫《むし》めがねにもメガネにも、レンズが入《はい》っているけど…

ウソ

（メガネのレンズで、光《ひかり》は集《あつ》められない）

虫《むし》めがねに使《つか》われるレンズを「凸《とつ》レンズ」といいます。凸《とつ》レンズは、どらやきのように真《ま》ん中《なか》がふくらんだ形《かたち》をしていて、光《ひかり》を一点《いってん》に集《あつ》めることができます（＝紙《かみ》を燃《も》やすためのエネルギーが生《しょう》じる）。

これに対《たい》し、真《ま》ん中《なか》がへこみ、ふちに向《む》かってふくらんでいるレンズもあります。これを「凹《おう》レンズ」といいます。

そして、近視用《きんしよう》のメガネなどに使《つか》われるのが「メニスカスレンズ」です。メニスカスレンズは、一方《いっぽう》の面《めん》が凸《とつ》レンズの形《かたち》、もう一方《いっぽう》の面《めん》が凹《おう》レンズの形《かたち》をしています。これでは太陽光《たいようこう》を一点《いってん》に集《あつ》められないので、紙《かみ》を燃《も》やすことはできません。

★光《ひかり》を集《あつ》める凸《とつ》レンズ

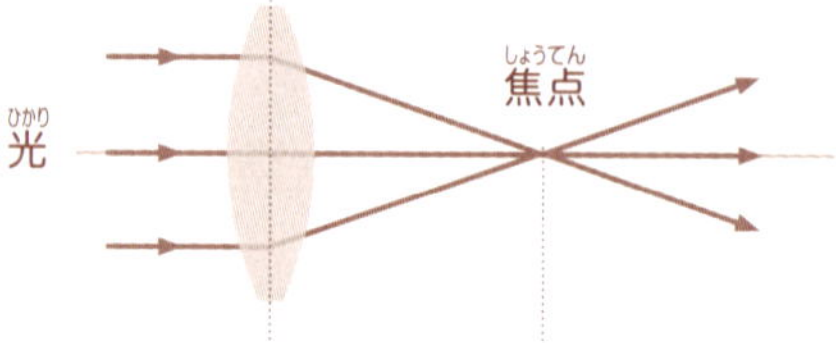

ダイヤモンドは「最強《さいきょう》」？

11話《わ》

この話《はなし》は「ホント」？　それとも「ウソ」？
考《かんが》えてみよう！

ヒント：オオカミとの知恵《ちえ》くらべ…

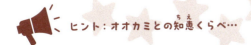

ウソ

(ダイヤモンドは、ハンマーでたたくとこわれる)

ダイヤモンドは、地球上《ちきゅうじょう》で最《もっと》もかたい物質《ぶっしつ》として知《し》られています※。そのため、ダイヤモンドでつくられた家《いえ》の屋根《やね》にオオカミがのっても、びくともしないでしょう。

ただし、ダイヤモンドにも弱《じゃく》点《てん》があります。そのひとつが「瞬間的《しゅんかんてき》な力《ちから》」です。ハンマーなどで力《ちから》いっぱいたたけば、簡《かん》単《たん》に割《わ》れてしまいます。

また、オオカミが家《いえ》に火《ひ》をつけたら、ダイヤモンドの家《いえ》は燃《も》えてなくなってしまうでしょう。

これは、ダイヤモンドが燃《も》えやすい「炭素《たんそ》」でできているためです。

ただし、ダイヤモンドは酸《さん》には強《つよ》く、とけません(→28ページ)。もし、オオカミが酸《さん》で穴《あな》をあけて、家《いえ》の中《なか》にしんにゅうしようと考《かんが》えているなら、子《こ》ぶたたちは安心《あんしん》でしょう。

※宝石《ほうせき》の傷《きず》つきにくさをあらわす「モース硬度《こうど》」が、最高《さいこう》の10であるため。

ナオとニャーのヒソヒソ話《ばなし》

電車《でんしゃ》の中《なか》でジャンプしたら…

走《はし》っている電車《でんしゃ》の中《なか》でジャンプしたら、ジャンプしている間《あいだ》は〝止《と》まっている〟ので、ジャンプした位置《いち》と、着地《ちゃくち》した位置《いち》がずれてもよさそうです。

しかし、実際《じっさい》にそのようなことを試《ため》してみても、ジャンプした位置《いち》と、着地《ちゃくち》した位置《いち》がかわることはありません。いったいなぜでしょう。

それは、電車《でんしゃ》に乗《の》った人《ひと》が、電車《でんしゃ》と同《おな》じ速度《そくど》で動《うご》いているためです。

同《おな》じ速《はや》さで、同《おな》じ方向《ほうこう》にまっすぐ進《すす》みつづける運動《うんどう》を「等速《とうそく》直線運動《ちょくせんうんどう》」といいます。等速直《とうそくちょく》線運動《せんうんどう》している場所《ばしょ》（＝電車《でんしゃ》）での物体《ぶったい》（＝人《ひと》）の運動《うんどう》は、静《せい》止《し》した場所《ばしょ》での運動《うんどう》と区別《くべつ》がつかないのです。

同《おな》じことは、たとえば「電車《でんしゃ》に乗《の》っている人《ひと》」と「その人《ひと》が真上《まうえ》に投《な》げたボール」にもいえます。

ミッション

MISSION

03

体《からだ》のふしぎ

どちらが長《なが》い？　01話《わ》

どっちの線《せん》が長《なが》いでしょう？
どっちも同《おな》じだよ
正解《せいかい》！
じゃあ…
どっちの背《せ》が高《たか》いでしょう？
こんにちは
え〜っと…
その前《まえ》にだれ？

1コマ目《め》で女《おんな》の子《こ》が言《い》っていることは「ホント」？　それとも「ウソ」？
考《かんが》えてみよう！

ヒント：おじさんの話《はなし》は、いったん置《お》いておこう…

ホント

（どちらも同《おな》じ長《なが》さ）

問題《もんだい》に登場《とうじょう》した線《せん》は、実《じつ》はどちらも同《おな》じ長《なが》さです。線《せん》の形《かたち》のせいで脳《のう》が〝かんちがい〟をおこし、一方《いっぽう》が長《なが》く、他方《たほう》が短《みじか》く見《み》えるのです。

　このような現象《げんしょう》を「錯視《さくし》」といいます。錯視《さくし》は特別《とくべつ》なことではなく、身《み》のまわりでも体験《たいけん》できます。たとえば、下《した》の写真《しゃしん》のように道路《どうろ》のわきに引《ひ》かれた線《せん》は、道《みち》はばをせまく見《み》せることで、ドライバーにスピードをおさえさせる効果《こうか》があります。同《おな》じような例《れい》が身《み》のまわりにないか、ぜひ観察《かんさつ》してみてください。

★道路《どうろ》に引《ひ》かれた線《せん》

★どちらの円《えん》が大《おお》きい？

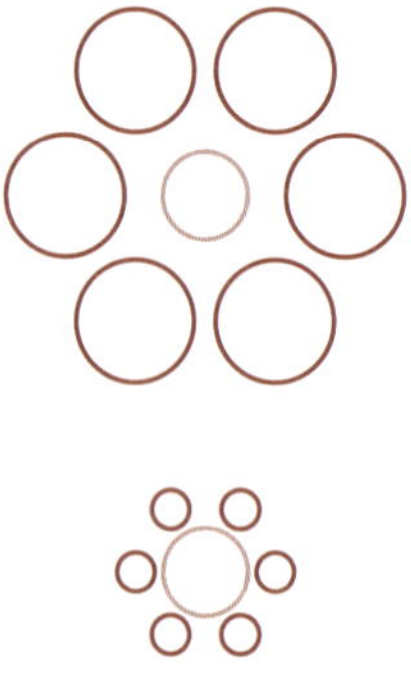

真《ま》ん中《なか》の円《えん》は、上《うえ》の図《ず》も下《した》の図《ず》も同《おな》じ大《おお》きさ(→)

血液型《けつえきがた》と性格《せいかく》　02話《わ》

あー 食《た》べた食《た》べた
ごはんつぶが まだ残《のこ》っている じゃない！
おはしも そろえないと
…オマエ血液型《けつえきがた》 A型《がた》だろ？
A型《がた》は細《こま》かいって いうからな
ふんっ
じゃあO型《がた》で 大《おお》ざっぱなあなたと 結婚《けっこん》したら 子供《こども》は ちょうどいい性格《せいかく》に なるかもね
てれっ
えっ… ええっ!?
なに急《きゅう》に はずかしがってんのよ

A型《がた》は細《こま》かい、O型《がた》は大《おお》ざっぱって「ホント」？　それとも「ウソ」？　考《かんが》えてみよう！

ヒント：血液型《けつえきがた》と性格《せいかく》は、はたして関係《かんけい》しているのか!?

ウソ

(血液型《けつえきがた》と性格《せいかく》は関係《かんけい》ない)

血液型《けつえきがた》と性格《せいかく》には何《なん》の関係《かんけい》もありません。少《すこ》しむずかしい言《い》い方《かた》をすると、科学的《かがくてき》な研究《けんきゅう》や実験《じっけん》で、その正《ただ》しさがしょうめいされていないのです。

余談《よだん》ですが、血液型《けつえきがた》のようすは国《くに》ごとにことなります。日本人《にほんじん》の血液型《けつえきがた》の割合《わりあい》はおよそ、A型《がた》38%《パーセント》、B型《がた》22%《パーセント》、AB型《がた》9%《パーセント》、O型《がた》31%《パーセント》です。

しかし、インドではB型《がた》が最《もっと》も多《おお》い血液型《けつえきがた》です(約《やく》40%《パーセント》)。アメリカやヨーロッパ、オーストラリアなどでは、大部分《だいぶぶん》がA型《がた》とO型《がた》です(これらが80%《パーセント》以上《いじょう》をしめる)。

右脳《うのう》が よくはたらく人《ひと》は 芸術的《げいじゅつてき》なの?
いいや! 血液型《けつえきがた》と同《おな》じように 脳《のう》の活動量《かつどうりょう》と能力《のうりょく》は 何《なん》の関係《かんけい》もないぞ

もし○○がなかったら①

03話《わ》

ねー
お父《とう》さん
なんだ?
ぼく鼻毛《はなげ》って
何《なん》の役《やく》にも
立《た》っていないと
思《おも》うんだ
ボサ
そこで自分《じぶん》の鼻毛《はなげ》を全部《ぜんぶ》
ぬいて困《こま》らないかどうか
確《たし》かめてみたいなって…
やめなさい…
じゃあ
まつ毛《げ》は…
ぜったいに
やめなさい!

鼻毛《はなげ》やまつ毛《げ》は何《なん》の役《やく》にも立《た》たないって「ホント」？　それとも「ウソ」？
考《かんが》えてみよう！

ヒント：空気中《くうきちゅう》には目《め》に見《み》えない…

ウソ

（鼻毛《はなげ》やまつ毛《げ》にも役割《やくわり》がある）

空気中《くうきちゅう》には、目《め》に見《み》えないちりやほこり、花粉《かふん》などがふくまれています。これらの一部《いちぶ》を取《と》り除《のぞ》くフィルターのような役割《やくわり》をするのが「鼻毛《はなげ》」です。

ですから、鼻毛《はなげ》がのびたからといって切《き》りすぎると、この機《き》能《のう》が失《うしな》われてしまいます。また鼻毛《はなげ》をぬくと、鼻《はな》のねんまくを傷《きず》つけることがあるので、理由《りゆう》がない場合《ばあい》は、ぬいたりしないようにしましょう。

なお「まつ毛《げ》」にも、鼻毛《はなげ》と同《おな》じように、空気中《くうきちゅう》の異物《いぶつ》が目《め》に入《はい》らないように防《ふせ》ぐ役割《やくわり》があります。

★鼻《はな》のしくみ（吸《す》った空気《くうき》の流《なが》れ）

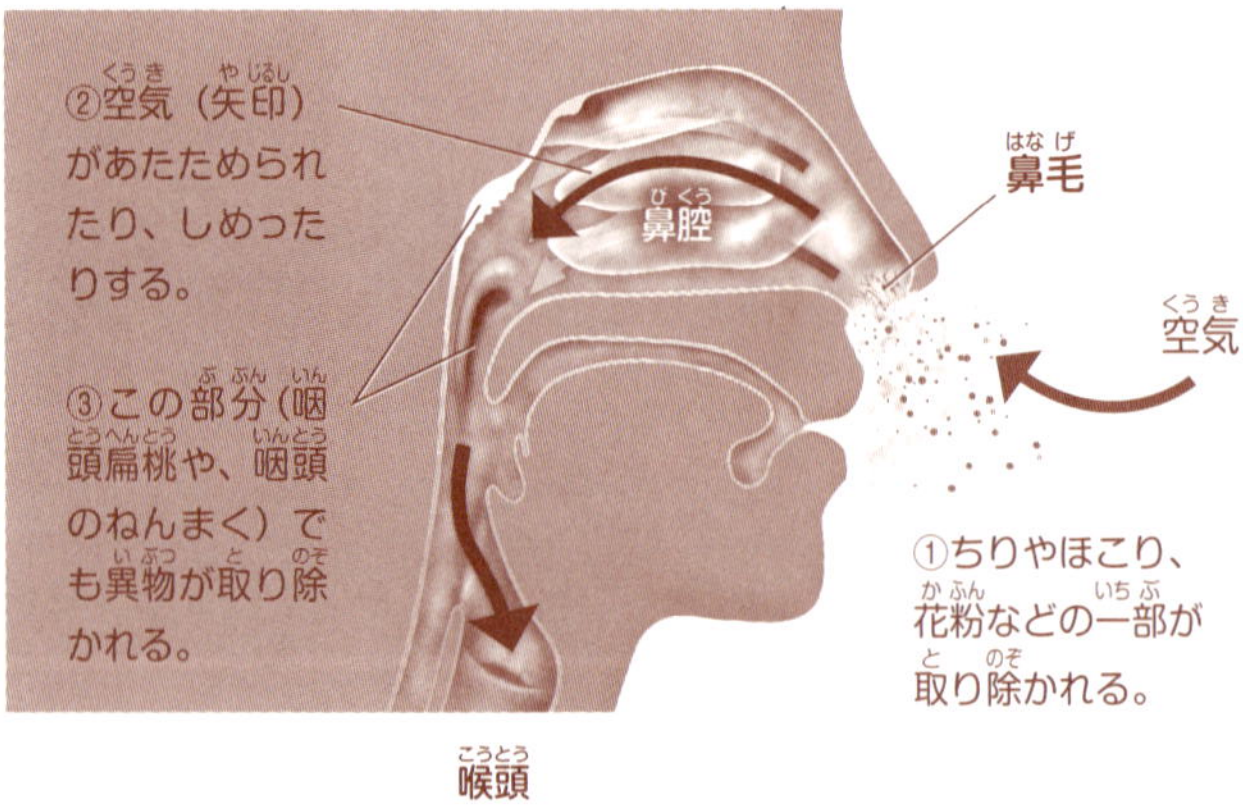
②空気《くうき》（矢印《やじるし》）があたためられたり、しめったりする。
③この部分《ぶぶん》（咽頭扁桃《いんとうへんとう》や、咽頭《いんとう》のねんまく）でも異物《いぶつ》が取《と》り除《のぞ》かれる。
鼻腔《びくう》
鼻毛《はなげ》
空気《くうき》
①ちりやほこり、花粉《かふん》などの一部《いちぶ》が取《と》り除《のぞ》かれる。
喉頭《こうとう》

もし○○がなかったら②　04話《わ》

指紋《しもん》やつめは、何《なん》の役《やく》にも立《た》っていないって「ホント」？　それとも「ウソ」？
考《かんが》えてみよう！

ヒント：これも、実験《じっけん》するわけにはいかない…

ウソ

(指紋《しもん》もつめも、それぞれ役割《やくわり》がある)

「指紋《しもん》」は〝うずまき模様《もよう》〟をえがいているだけですし、「つめ」は放《ほう》っておけばのびるだけなので、不要《ふよう》なもののように感《かん》じますね。しかし、これらにも重要《じゅうよう》な役割《やくわり》があります。

　指紋《しもん》は、私《わたし》たちがものをつかんだり、歩《ある》いたりするときに、すべり止《ど》めとなります※。

　また、私《わたし》たちが指先《ゆびさき》に力《ちから》を入《い》れられるのは、つめがあるおかげです。かゆいところをかいたり、かんジュースのふたを開《あ》けたりすることも、つめがないとやりにくくなるでしょう。

　なお、人間《にんげん》にしっぽはありませんが、そのなごりは、おしりの骨《ほね》の一部《いちぶ》（尾骨《びこつ》）として残《のこ》っています。また指紋《しもん》は、人間《にんげん》だけでなく、ゴリラやチンパンジー、コアラなどももっています。

★コアラの指紋《しもん》

※何《なに》かにふれたときに反応《はんのう》する、皮膚《ひふ》の“センサー”の感度《かんど》を高《たか》める役割《やくわり》もある。

雪道《ゆきみち》を転《ころ》ばずに歩《ある》きたい

05 話《わ》

雪道《ゆきみち》を転《ころ》ばずに歩《ある》くにはどうしたらいいんだろう
すぃーー
スケートみたいに足《あし》をすべらせるか？
ペタ
ペタ
ペンギンみたいに歩《ある》けばいいって聞《き》いたこともあるな…
まてよ…その前《まえ》にくつを改造《かいぞう》したほうがいいかも！
あ　学校《がっこう》に着《つ》いちゃった

ペンギンみたいに歩《ある》けばいい、は「ホント」？　それとも「ウソ」？
考《かんが》えてみよう！

ヒント：ペンギンのように歩《ある》いてみよう！

ホント

ふだん道《みち》を歩《ある》くとき、体《からだ》はまっすぐに、少《すこ》しけりだすように足《あし》をはこぶ人《ひと》も多《おお》いと思《おも》います。

しかし、踏《ふ》み固《かた》められた雪《ゆき》があるような、すべりやすい場所《ばしょ》では、体《からだ》はやや前《まえ》かがみに、歩《ほ》はばは小《ちい》さく、雪《ゆき》を上《うえ》から足《あし》でおすように歩《ある》くと、すべりにくくなります。これが〝ペンギン歩《ある》き〟です。

雪《ゆき》や氷《こおり》がすべる理由《りゆう》については、はっきりと解明《かいめい》されていません。ただ、そのような路面《ろめん》とくつとの間《あいだ》にできる「水《みず》のまく」が関係《かんけい》していることはわかっています※。そのため、自動車《じどうしゃ》の冬用《ふゆよう》タイヤ（スタッドレスタイヤ）には、水《みず》のまくを取《と》り除《のぞ》くための細《こま》かいみぞが、表面《ひょうめん》にたくさんついています。

★タイヤのみぞのちがい

冬用《ふゆよう》タイヤ（スタッドレスタイヤ）　夏用《なつよう》タイヤ（ふつうのタイヤ）

※とけた雪《ゆき》や氷《こおり》の上《うえ》には水《みず》のまくができ、ふだんよりもまさつ力《りょく》が小《ちい》さくなる。

06話《わ》　空《そら》を飛《と》びたい

鳥《とり》みたいに空《そら》を飛《と》んでみたいなぁ♡
軽《かる》くて大《おお》きな翼《つばさ》をつくれば飛《と》べるんじゃない？
それをはばたくように動《うご》かせばいいのね
オー!!
よし みんなでつくろう！
ここはハート模様《もよう》がいいな
そっちはピンク！
もっとキラキラさせたい！
そこ…こだわる？
かわいくなきゃ飛《と》ばないから！

軽《かる》くて大《おお》きな翼《つばさ》を動《うご》かせば飛《と》べるって「ホント」？　それとも「ウソ」？

考《かんが》えてみよう！

ヒント：鳥《とり》はたしかに、そうやって飛《と》んでいるけど…

ウソ

（レオナルド・ダ・ヴィンチも同《おな》じことを考《かんが》えた）

鳥《とり》は、翼《つばさ》を動《うご》かして風《かぜ》の流《なが》れをつくりだす（＝うく力《ちから》や前進《ぜんしん》する力《ちから》を得《え》る）ことで、空《そら》を飛《と》びます※。

大昔《おおむかし》にも、このしくみを真似《まね》ようと考《かんが》えた人々《ひとびと》がいました。そのひとりが、15～16世紀《せいき》に活《かつ》やくしたイタリアの科学者《かがくしゃ》（芸《げい》術家《じゅつか》）、レオナルド・ダ・ヴィンチです。

レオナルドは、人《ひと》が空《そら》を飛《と》ぶための機械《きかい》のスケッチをいくつか残《のこ》していいます。そのなかには鳥《とり》のようにはばたくしくみをもつもの（オーニソプター）もありましたが、どれも実際《じっさい》に飛行《ひこう》することはありませんでした。

その後《ご》のライト兄弟《きょうだい》やジョージ・ケイリーらの成功《せいこう》からわかるように、人《ひと》が空《そら》を飛《と》ぶには、翼《つばさ》を固定して使《つか》うほうがよいようです。

★レオナルドの考《かんが》えた“はばたく”飛行機《ひこうき》（オーニソプター）

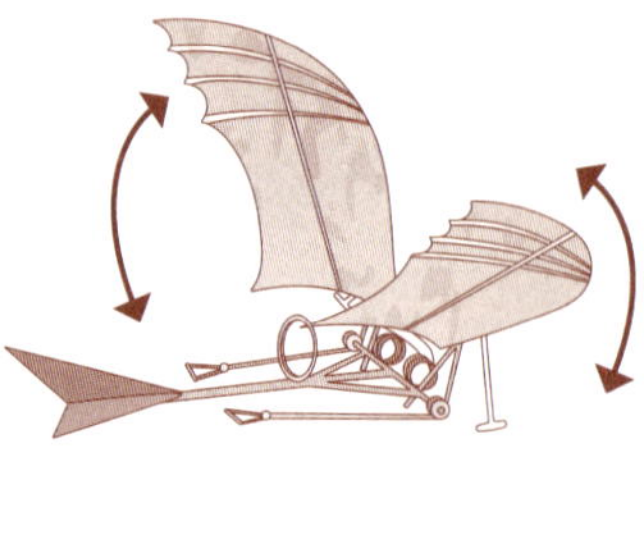

※骨《ほね》が空洞《くうどう》で軽《かる》い、胸《むね》の骨《ほね》や筋肉《きんにく》など重《おも》いものが体《からだ》の中心《ちゅうしん》にあるなど、空《そら》を飛《と》ぶのに適《てき》した体《からだ》のつくりをしていることもある。

先生《せんせい》は。生《い》きものたち!?
いくよー
こいっ！
えいっ!!!
ぽぃ〜〜ん…
あーっ！
もーっ！
ボール
あったー？
ガサ
ガサ
やっと
見《み》つかったよォ〜
ガサ
ガサ
アット
服《ふく》に何《なに》か
ついてるニャ

これは「ひっつき虫《むし》」ね
ゴボウの実《み》
オナモミ
イノコズチ
ひっつき虫《むし》？
オナモミやゴボウの実《み》イノコズチなどをそうよぶの
ねぇ!!ひっつき虫《むし》をヒントにつくられたものって知《し》ってる？
知《し》らな～～い
ニャ
スイスの技術者《ぎじゅつしゃ》ジョルジュ・ド・メストラルさんは愛犬《あいけん》を連《つ》れて狩《か》りに出《で》かけたときに…
衣類《いるい》や犬《いぬ》の毛《け》についたひっつき虫《むし》を見《み》てそのしくみに興味《きょうみ》をもったんだって
トゲがフックのような形《かたち》をしているじゃないか！
わん!!

この発見《はっけん》をもとにメストラルさんは1955年《ねん》…
「ベルクロ（VELCRO）」という名前《なまえ》の面《めん》ファスナーをつくりだしたの
バリバリ
※「マジックテープ」は、株式会社《かぶしきがいしゃ》クラレの商品名《しょうひんめい》。
サメの肌《はだ》を手本《てほん》にした競泳用《きょうえいよう》水着《みずぎ》
蚊《か》を手本《てほん》とした痛《い》くない注射針《ちゅうしゃばり》
ヤモリの手《て》のつくりを手本《てほん》にした接着《せっちゃく》テープ
オマエすごいんだなぁ
ほほー…
世《よ》の中《なか》には植物《しょくぶつ》や動物《どうぶつ》からヒントを得《え》てつくられたものがたくさんあるニャ！
ちなみに植物《しょくぶつ》や動物《どうぶつ》を手本《てほん》とすることを「バイオミメティクス」というニャよ

ささ キャッチボールの つづきをしましょ
ニャリ
あっ… ごめ～ん!
ぽいーん
うしし… さっきのお返《かえ》しに 遠《とお》くに投《な》げて やったんだ
たくさん歩《ある》くがいい…
まって～
性格悪《せいかくわる》い ニャー…
ボール あったよー!
がサ がサ
おまたせ♡
もっさり
ぎゃーー!
たくさん ひっつき すぎニャ!!!

←次《つぎ》の話《はなし》へGO《ゴー》!

人間《にんげん》をしぼると、体重《たいじゅう》はどれくらい？

07話《わ》

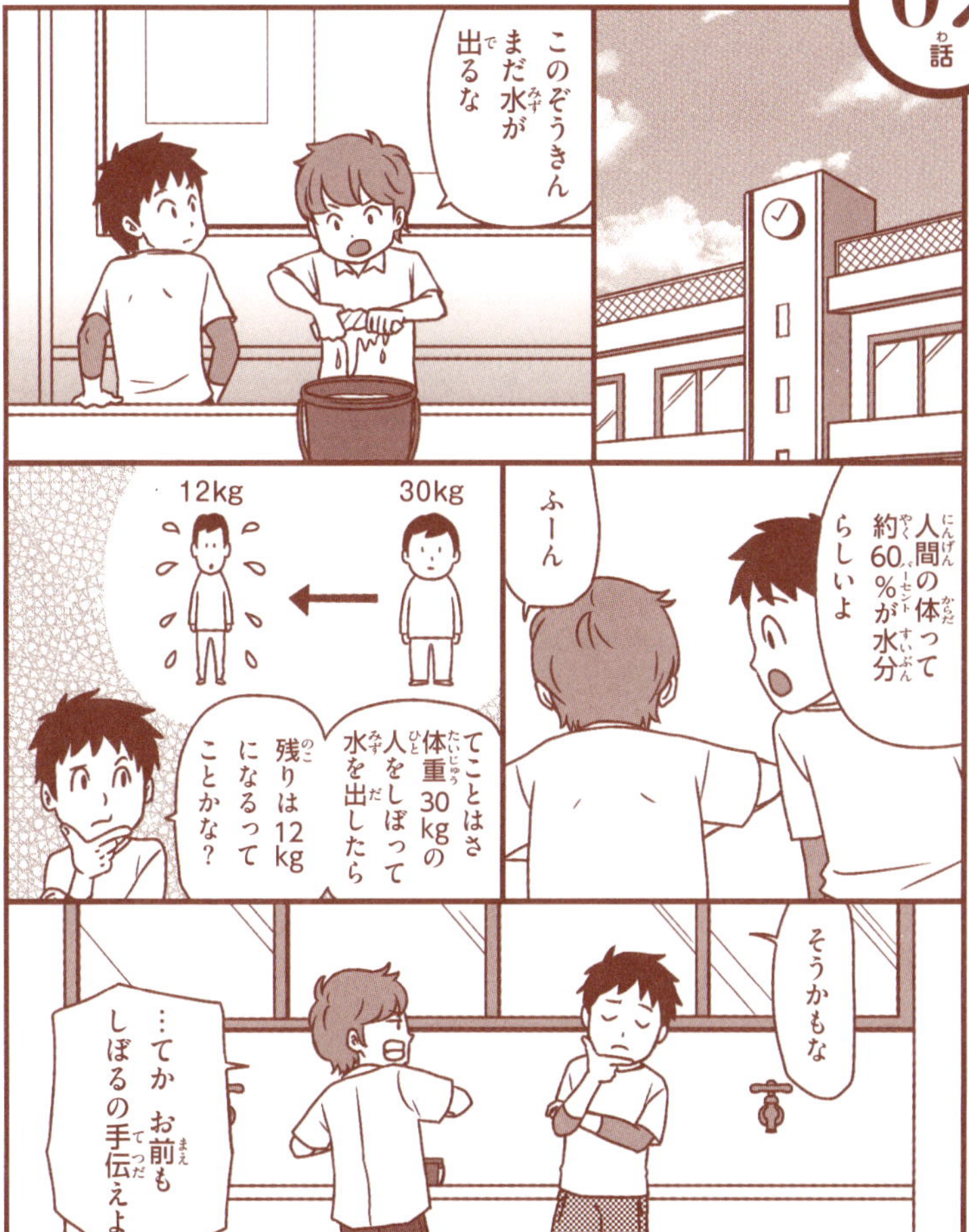
このぞうきん まだ水《みず》が 出《で》るな
人間《にんげん》の体《からだ》って 約《やく》60%《パーセント》が水分《すいぶん》 らしいよ
ふーん
30kg
12kg
てことはさ 体重《たいじゅう》30kgの 人《ひと》をしぼって 水《みず》を出《だ》したら 残《のこ》りは12kg になるって ことかな？
そうかもな
…てか お前《まえ》も しぼるの手伝《てつだ》えよ

この話《はなし》は「ホント」？　それとも「ウソ」？
考《かんが》えてみよう！

ヒント：赤《あか》ちゃんの場合《ばあい》は約《やく》80%《パーセント》！

ホント

ヒトの体《からだ》で最《もっと》も多《おお》い成分《せいぶん》は「水《みず》」です。赤《あか》ちゃんの場合《ばあい》は約《やく》80%《パーセント》、大人《おとな》の場合《ばあい》は、男性《だんせい》が約《やく》65%《パーセント》、女性《じょせい》が約《やく》55%《パーセント》とばらつきはありますが、体重《たいじゅう》のだいたい60%《パーセント》が水分《すいぶん》でしめられているといえます。

つまり単純《たんじゅん》に計算《けいさん》すれば、水分《すいぶん》をぬいたヒトの体重《たいじゅう》は、40%《パーセント》になります（体重《たいじゅう》30キログラムの人《ひと》なら、約《やく》12キログラム）。

ヒト以外《いがい》では、イヌやネコは約《やく》60%《パーセント》、カエルは約《やく》80%《パーセント》、クラゲは95%《パーセント》以上《いじょう》が水分《すいぶん》です。

また、多《おお》くの野菜《やさい》や果物《くだもの》は80%《パーセント》以上《いじょう》が水分《すいぶん》なので、たとえばシリアルに入《はい》っているフリーズドライ※のイチゴを手《て》で持《も》つと重《おも》さをほとんど感《かん》じません。

★ヒトの体《からだ》の成分《せいぶん》

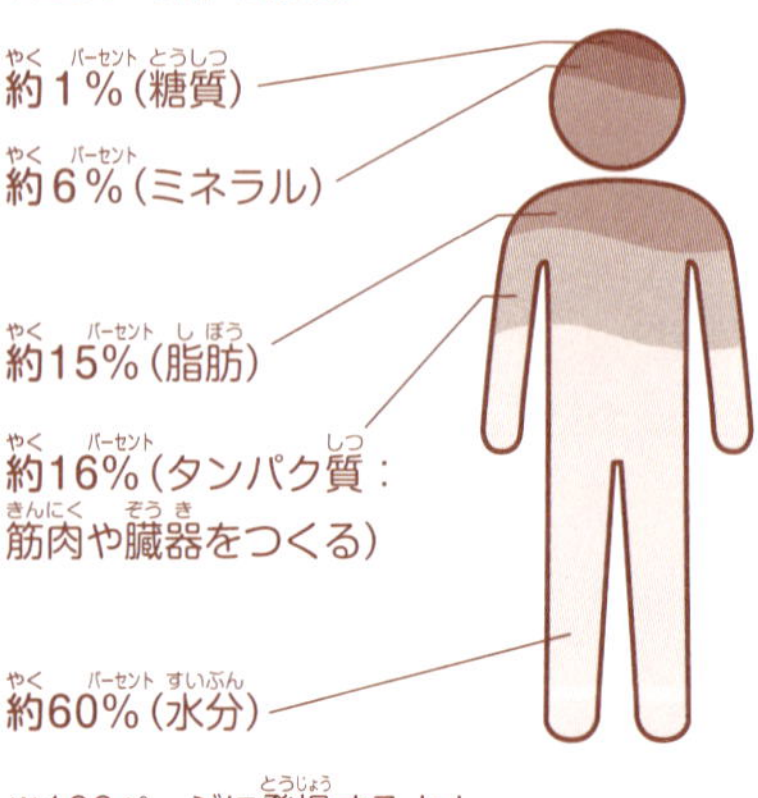
約《やく》1%《パーセント》（糖質《とうしつ》）
約《やく》6%《パーセント》（ミネラル）
約《やく》15%《パーセント》（脂肪《しぼう》）
約《やく》16%《パーセント》（タンパク質《しつ》：筋肉《きんにく》や臓器《ぞうき》をつくる）
約《やく》60%《パーセント》（水分《すいぶん》）

※106ページに登場《とうじょう》するよ！

あまくなるアイスクリーム　08話《わ》

いただきまーす♡
あれ？姉《ねえ》ちゃん何《なに》してるの？
アイスクリームは少《すこ》しとかしたほうがあまみが強《つよ》く感《かん》じられるからね…
私《わたし》はすぐに食《た》べないんだ♪
ふーん
……
待《ま》ってる間《あいだ》一口《ひとくち》ちょうだい？
言《い》ってる意味《いみ》がまったくわからない

とかしたほうが、あまみが強《つよ》く感《かん》じられるって「ホント」？　それとも「ウソ」？
考《かんが》えてみよう！

ヒント：やったことがある人《ひと》には簡単《かんたん》だね！

ホント

（とけたアイスのほうが、あまく感《かん》じられる）

私《わたし》たちは、キンキンに冷《ひ》えたアイスクリームよりも、あたたまってとけたアイスクリームによりあまさを感《かん》じます。これは舌《した》が、低温《ていおん》より常温《じょうおん》（体温《たいおん》に近《ちか》い温度《おんど》）のときに、あまみを感《かん》じ取《と》りやすいためです。

冷《さ》めたみそ汁《しる》が塩辛《しおから》く感《かん》じられるのも、同《おな》じしくみです。こちらは舌《した》が、高温《こうおん》よりも低温《ていおん》のときに、しょっぱさを感《かん》じ取《と》りやすいためです。

苦《にが》みの場合《ばあい》も、温度《おんど》が低《ひく》いときのほうが感《かん》じ取《と》りやすいです。

ただし、すっぱさは温度《おんど》によるちがいはありません。冷《つめ》たいレモンも、あたたかいレモンも、同《おな》じようにすっぱいのです。

ちなみに、飛行機《ひこうき》のなかではあまさやしょっぱさなどを感《かん》じにくくなります。そのため、機《き》内食《ないしょく》は、その変化《へんか》を見《こ》こした味《あじ》つけがされています。

飛行機内《ひこうきない》で
味《あじ》がかわるのは
地上《ちじょう》よりも気圧《きあつ》が
低《ひく》いためニャ！

くさいオナラ

09 話《わ》

イモや豆《まめ》を食《た》べると、オナラがくさくなるって「ホント」？　それとも「ウソ」？
考《かんが》えてみよう！

ヒント：試《ため》して…みたくはない。

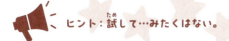

ウソ

(肉《にく》や卵《たまご》、ニンニクやネギなどをたくさん食《た》べるとくさくなる)

　私《わたし》たちが食事《しょくじ》をすると、食《た》べ物《もの》や飲《の》み物《もの》と一緒《いっしょ》に胃《い》に空気《くうき》が入《はい》ることがあります。その多《おお》くは「げっぷ」として口《くち》からぬけていきますが、一部《いちぶ》は食《た》べたものとともに腸《ちょう》へと移動《いどう》します。これが「オナラ」のもとになります。

　腸《ちょう》には、さまざまな細菌《さいきん》がすんでいます。そのひとつが「悪《あく》玉菌《だまきん》」です。

　私《わたし》たちが肉《にく》や卵《たまご》、ニンニクやネギなどをたくさん食《た》べると、腸《ちょう》の中《なか》で悪玉菌《あくだまきん》がふえます。悪《あく》玉菌《だまきん》は、くさった卵《たまご》のようなにおいのする「硫化水素《りゅうかすいそ》」などのガスを発生《はっせい》させます。この硫化《りゅうか》水素《すいそ》がまざることで、オナラがくさくなります。

　これに対《たい》し、イモや豆《まめ》など(食物繊維《しょくもつせんい》を多《おお》くふくむ食品《しょくひん》)を分解《ぶんかい》するのが「善玉菌《ぜんだまきん》」です。善玉菌《ぜんだまきん》は硫化水素《りゅうかすいそ》を発生《はっせい》させないので、イモや豆《まめ》をたくさん食《た》べても、オナラはくさくなりません。

痛《いた》いのは飛《と》んでいく？

10 話《わ》

うわぁー！狩《か》り失敗《しっぱい》だ
にげろー!!
バタ
わっ…
足《あし》を強《つよ》く打《う》ったみたいだ
そうだ！痛《いた》みをおさえるとっておきの方法《ほうほう》を…
痛《いた》いの痛《いた》いの飛《と》んでいけー♡
さすさす
そんなの効《き》くわけないだろ!!!
ドドド
わぁにげろー!!!

痛《いた》いの痛《いた》いの飛《と》んでいけは「効果《こうか》がある」？　それとも「効果《こうか》がない」？
考《かんが》えてみよう！

ヒント：実験《じっけん》する…までもないかな？

効果《こうか》がある

体《からだ》の痛《いた》い部分《ぶぶん》をさすると、痛《いた》みの信号《しんごう》を脳《のう》（脊髄《せきずい》）に伝《つた》える道《みち》の〝とびら〟が閉《し》まります。これにより、私《わたし》たちは痛《いた》みを感《かん》じにくくなります。

つまり、体《からだ》の痛《いた》い部分《ぶぶん》をさする「痛《いた》いの痛《いた》いの飛《と》んでいけ！」という行為《こうい》は、実《じつ》は理《り》にかなっているのです。

また、スポーツの試合《しあい》を見《み》ていると、ある選手《せんしゅ》がほかの選手《せんしゅ》とはげしくぶつかって転《ころ》んでも、何事《なにごと》もなかったかのようにプレーをつづける場合《ばあい》があります。

これは、試合中《しあいちゅう》などで興奮《こうふん》が高《たか》まっているとき、脳《のう》や体内《たいない》では「痛《いた》みの信号《しんごう》が脳《のう》に届《とど》くのをじゃまする物質《ぶっしつ》※」が出《で》ていて、痛《いた》みを感《かん》じにくくなっているためです。

人間《にんげん》の体《からだ》ってよくできているなぁ…！

※ノルアドレナリンやセロトニンなど。

ねる子《こ》は育《そだ》つ？

11話《わ》

いつまでゲームやってるの早《はや》くねなさい！
ねむくないいんだよなぁ…
人間《にんげん》ってなんでねるんだろうね
「ねる子《こ》は育《そだ》つ」っていうから体《からだ》の成長《せいちょう》に必要《ひつよう》な時間《じかん》なんじゃない？
翌朝《よくあさ》
日曜日《にちようび》だからっていつまでねてるの早《はや》くおき…
もー
ドカ
ドカ
ドカ
体を成長させるため
いつもより長くねます
子供一同

ねている間《あいだ》に、体《からだ》は「成長《せいちょう》する」？　それとも「成長《せいちょう》しない」？
考《かんが》えてみよう！

ヒント：ミッション03最後《さいご》の問題《もんだい》、がんばって！

ねている間《あいだ》に… 体《からだ》は成長《せいちょう》する

「ねる子《こ》は育《そだ》つ」という言葉《ことば》があるように、私《わたし》たちの体《からだ》はすいみん中《ちゅう》につくられたり（骨《ほね》がのびる、筋肉《きんにく》がふえるなど）、調子《ちょうし》がととったりします。

ただし、すいみん時間《じかん》が長《なが》いほど、より体《からだ》が成長《せいちょう》したり、健康《けんこう》になったりするわけではないので、休《やす》みの日《ひ》でもねすぎには注意《ちゅうい》しましょう。

では、人間《にんげん》はねないと、どうなってしまうのでしょうか。

ランディ・ガードナーというアメリカの高校生《こうこうせい》は、１９６４年《ねん》に、まる11日間《にちかん》（264時間《じかん》）おきつづけるというちょうせんを行《おこな》いました※。実験《じっけん》の途中《とちゅう》では、ろれつがまわらなくなる、指《ゆび》が細《こま》かくふるえるなどといった現象《げんしょう》が、ランディにおきたといいます。

長時間《ちょうじかん》ねないでいると、脳《のう》に障害《しょうがい》がおきることもあります。ランディにも後遺症《こういしょう》が残《のこ》ったとする資料《しりょう》もあるので、みなさんはぜったいに真似《まね》をしないでくださいね。

※実験《じっけん》には、スタンフォード大学《だいがく》のウィリアム・デメント博士《はくし》が立《た》ち会《あ》った。

ナオとニャーのヒソヒソ話《ばなし》

脳《のう》の地図《ちず》

私《わたし》たちの皮膚《ひふ》には、さまざまな〝センサー〟がうまっています。これらがしげきを受《う》け取《と》ると、その信号《しんごう》が脳《のう》に伝《つた》えられ、「すべすべしている」「あたたかい」などの感覚《かんかく》が生《う》まれます。

このしくみを実験《じっけん》で解《と》き明《あ》かしたのが、カナダの脳外科医《のうげかい》ワイルダー・ペンフィールドです。1933年《ねん》、ペンフィールドは「てんかん」という病気《びょうき》の患《かん》者《じゃ》が脳《のう》の手術《しゅじゅつ》を受《う》ける際《さい》に、脳《のう》のいくつかの場所《ばしょ》に弱《よわ》い電流《でんりゅう》を流《なが》し、反応《はんのう》を聞《き》き取《と》りました。

すると、本人《ほんにん》が何《なに》かにふれていなくても、「しびれ」や「ちくちくする感《かん》じ」などが体験《たいけん》できたというのです。

ペンフィールドはこの成果《せいか》をもとに、脳《のう》の領域《りょういき》と、対応《たいおう》する体《からだ》の部位《ぶい》をまとめた〝脳《のう》の地図《ちず》〟をつくりました。これは「ペンフィールドのホムンクルス」とよばれます（↙）。

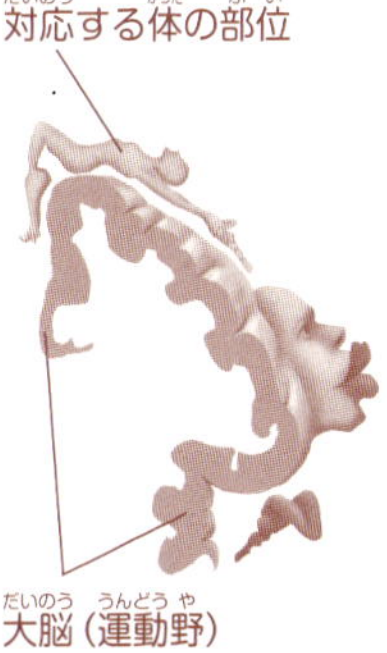

ミッション

MISSION

04

食《た》べ物《もの》のふしぎ

どっちのミカン？ 01話《わ》

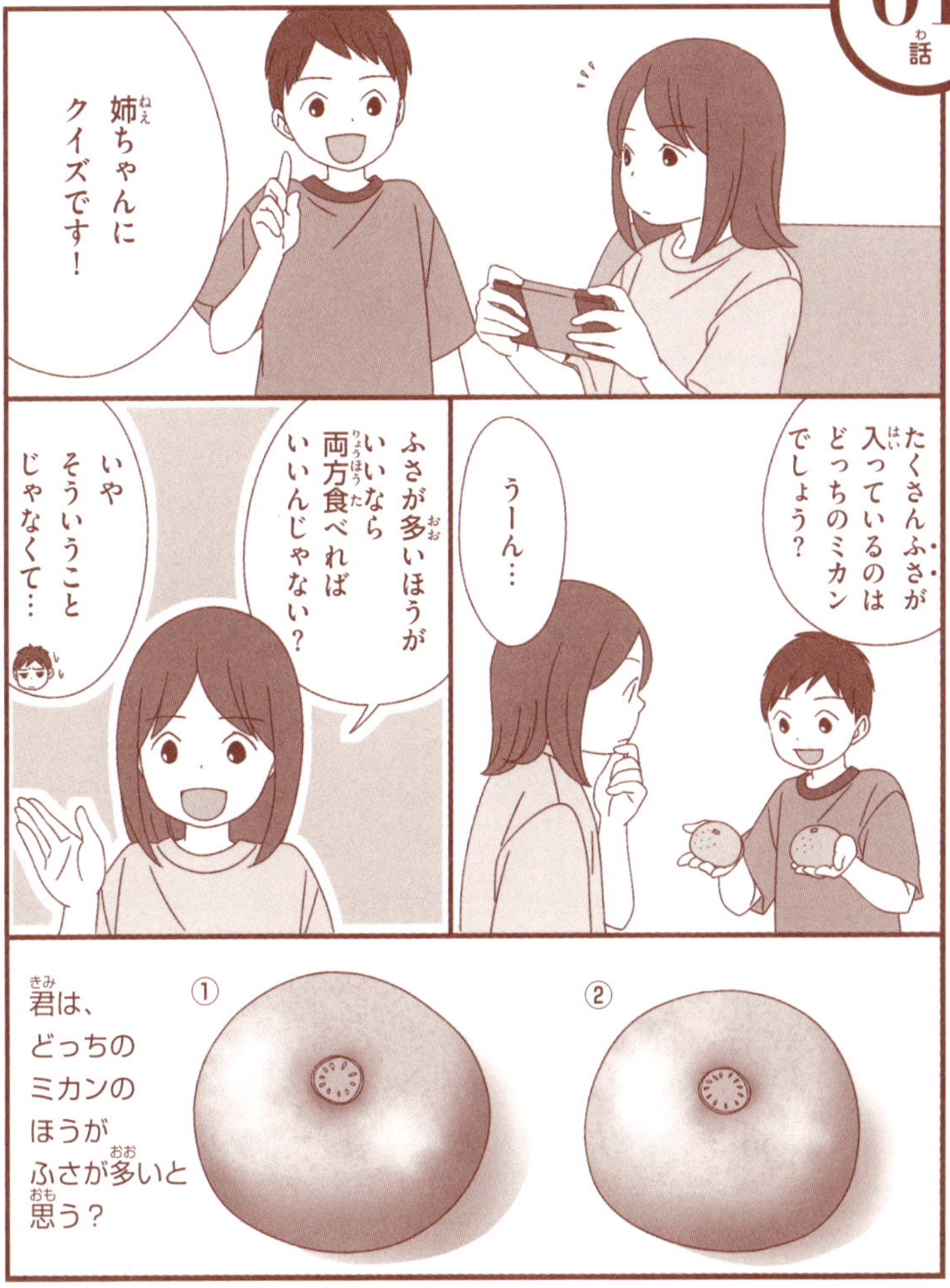
姉《ねえ》ちゃんにクイズです！
たくさんふさが入《はい》っているのはどっちのミカンでしょう？
うーん…
ふさが多《おお》いほうがいいなら両方《りょうほう》食《た》べればいいんじゃない？
いやそういうことじゃなくて…
君《きみ》は、どっちのミカンのほうがふさが多《おお》いと思《おも》う？
①
②

正解《せいかい》は、次《つぎ》のページ！

ヒント：数《かぞ》えてみよう！

②のほうが多《おお》い

皮《かわ》をむかずに、ミカンのふさの数《かず》を当《あ》てる方法《ほうほう》があります。それは、ヘタの内側《うちがわ》にある〝模《も》様《よう》〟の数《かず》を数《かぞ》えることです。

この模様《もよう》は「維管束《いかんそく》」というもので、水分《すいぶん》や栄養分《えいようぶん》を運《はこ》ぶ役《やく》割《わり》があります。通常《つうじょう》、1つの維《い》管束《かんそく》は1つのふさにつながっているので、ふさの数《かず》がわかるというわけです。

余談《よだん》ですが、ミカン（温州《うんしゅう》みかん）には親《しん》せきがたくさんいます。オレンジやグレープフルーツ、夏《なつ》みかん、レモン、ユズ、シークワーサー…などです。

大《おお》きさもさまざまで、たとえば鏡《かがみ》もちの上《うえ》にのせる「ダイダイ（橙《だいだい》）」は、直径《ちょっけい》8センチメートルほどです。これに対《たい》し「バンペイユ（晩白柚《ばんぺいゆ》）」は、大《おお》きいもので直径《ちょっけい》20センチメートル以《い》上《じょう》、重《おも》さは2キログラム以上《いじょう》になります。

★バンペイユ

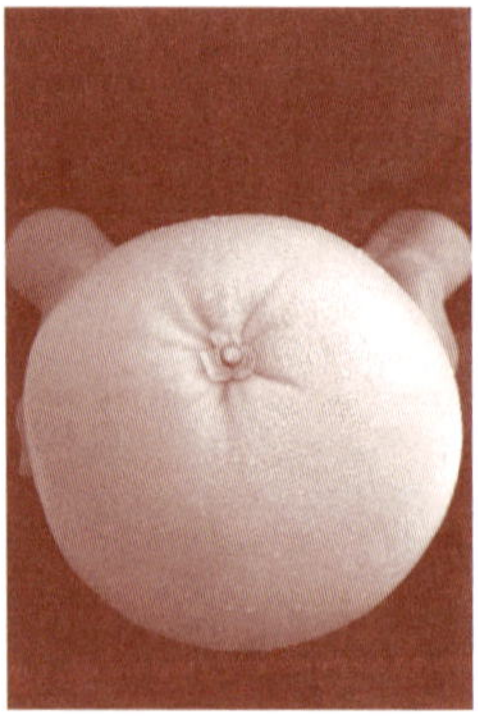

目《め》にしみるタマネギ　02話《わ》

トンートンー
あー目《め》にしみる
目《め》をおおえばしみなくなるんじゃない？
これがいいかな？
暗《くら》くてよく見《み》えないよ…
うーん
じゃあこれは？
スイカ割《わ》りじゃないんだけどな…

目《め》をおおえばしみなくなる、は「ホント」？　それとも「ウソ」？
考《かんが》えてみよう！

ヒント：サングラスやタオルは、あぶないのでやめようね！

ウソ

（目《め》と鼻《はな》をおおう必要《ひつよう》がある）

　タマネギを切《き》ると、タマネギの組織《そしき》がこわれて、中《なか》から「なみだをさそう成分《せいぶん》」がガスとなって出《で》てきます。これが空気中《くうきちゅう》に広《ひろ》がることで、私《わたし》たちは目《め》や鼻《はな》をしげきされて、泣《な》いてしまいます。

　ですから、水中《すいちゅう》メガネのように目《め》と鼻《はな》をぴったりとおおえるものを使《つか》えば、なみだは出《で》にくくなります。

　ふつうのメガネの場合《ばあい》、すき間《ま》から「なみだをさそう成分《せいぶん》」が目《め》に入《はい》ってくるので（鼻《はな》もおおえない）、あまり意味《いみ》はないでしょう。

　なお、切《き》る前《まえ》にタマネギを冷《れい》蔵庫《ぞうこ》で冷《ひ》やしておくことも、効《こう》果《か》があります。これは、タマネギの温度《おんど》が低《ひく》いほうが、「なみだをさそう成分《せいぶん》」が空気中《くうきちゅう》に広《ひろ》がりにくくなるためです。

効果《こうか》のある方法《ほうほう》が
ほかにもないか
実験《じっけん》してみてニャ♪
○

魚《さかな》に塩《しお》をふると…　03話《わ》

塩《しお》をふると、魚《さかな》の身《み》がやわらかくなるって「ホント」？　それとも「ウソ」？
考《かんが》えてみよう！

ヒント：ナメクジに塩《しお》をかけると…

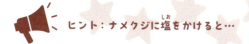

ウソ

（魚《さかな》に塩《しお》をふると、身《み》がしまる）

下《した》の図《ず》のような器具《きぐ》では、左《ひだり》側《がわ》にある水《みず》が、半透膜《はんとうまく》を通《とお》って右側《みぎがわ》（食塩水側《しょくえんすいがわ》）に移動《いどう》します。

　これは、両方《りょうほう》の液体《えきたい》のこさを一定《いってい》に保《たも》つために、うすいほうからこいほうへと、水《みず》が移動《いどう》する力《ちから》がはたらくためです。この力《ちから》を「浸透圧《しんとうあつ》」といいます。

　魚《さかな》に塩《しお》をふると、魚《さかな》の表面《ひょうめん》に塩水《しおみず》の層《そう》ができます。すると、魚《さかな》の表面《ひょうめん》と身《み》との間《あいだ》に「液体《えきたい》のこさのちがい」が生《う》まれ、身《み》にふくまれる水《みず》が、皮《かわ》（半透膜《はんとうまく》）を通《とお》って表面《ひょうめん》に出《で》てきます。これにより魚《さかな》の身《み》がしまります※。

　なお、ナメクジに塩《しお》をかけると小《ちい》さくなるのも、同《おな》じしくみです。

★浸透圧《しんとうあつ》のしくみ

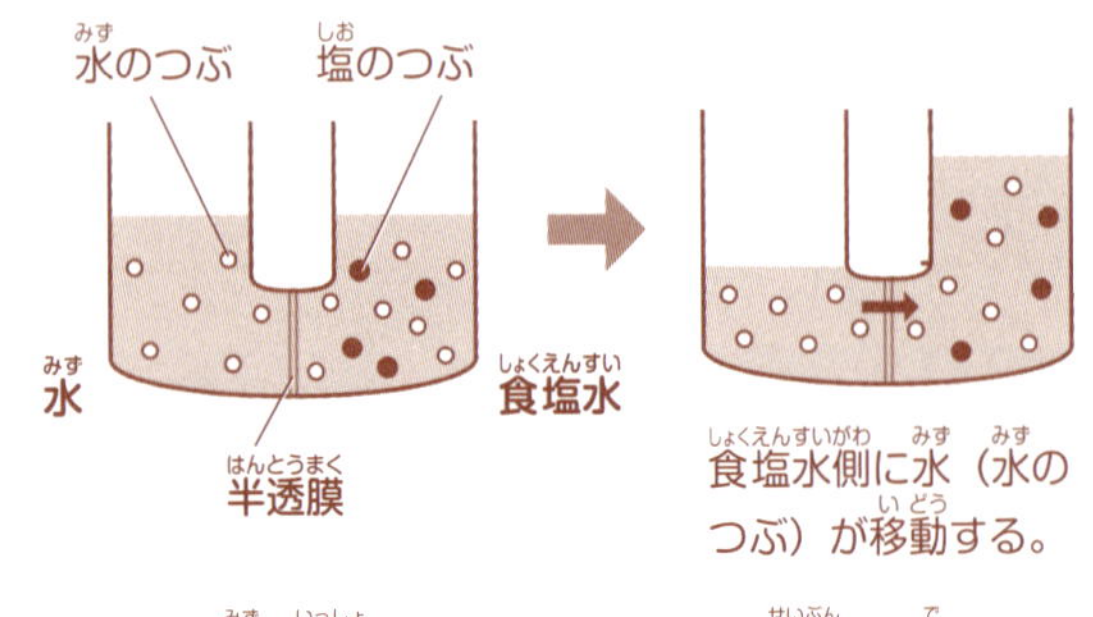
水《みず》のつぶ
塩《しお》のつぶ
水《みず》
食塩水《しょくえんすい》
半透膜《はんとうまく》
食塩水側《しょくえんすいがわ》に水《みず》（水《みず》のつぶ）が移動《いどう》する。

※このとき、水《みず》と一緒《いっしょ》に「くさみのもととなる成分《せいぶん》」も出《で》てくる。また、魚《さかな》に塩《しお》をふるのは、塩味《しおあじ》をつけるためもある。

ミネラルウォーターの味《あじ》 04話《わ》

ミネラルウォーターに味《あじ》のちがいがあるって「ホント」？　それとも「ウソ」？
考《かんが》えてみよう！

ヒント：ミネラルって何《なに》…？

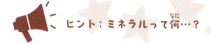

ホント

（ミネラルウォーターにも、味《あじ》のちがいがある）

山《やま》に降《ふ》った雨《あめ》や雪《ゆき》は、地面《じめん》にしみこみ、やがて地下水《ちかすい》になります。これを取《と》りだして、容器《ようき》につめたのが「ミネラルウォーター」です※。

ミネラルとは、水《みず》にふくまれるナトリウムやマグネシウム、カリウム、カルシウムなどの成《せい》分《ぶん》です。これらは、地面《じめん》から水《みず》にとけこんだものです。

場所《ばしょ》がちがえば当然《とうぜん》、ふくまれるミネラルの種類《しゅるい》や量《りょう》はことなります。これが、味《あじ》のちがいを生《う》みます。

わかりやすいのが「硬度《こうど》」です。硬度《こうど》とは、マグネシウムとカルシウムの量《りょう》を示《しめ》したものです。この数値《すうち》が高《たか》い（＝ふくまれる量《りょう》が多《おお》い）と「硬水《こうすい》」、低《ひく》い（＝ふくまれる量《りょう》が少《すく》ない）と「軟水《なんすい》」とよばれます。

ヨーロッパのミネラルウォーターは主《おも》に硬水《こうすい》で、ややしぶい味《あじ》がします。一方《いっぽう》、日本《にっぽん》のそれは主《おも》に軟水《なんすい》で、まろやかな味《あじ》がします。お茶《ちゃ》やコーヒーをいれても味《あじ》にちがいがでるので、ぜひ実験《じっけん》してみてください。

※地下水《ちかすい》をもとにしていないミネラルウォーターもある。

プリンをつくろう　05話《わ》

プリンをつくろう！
いいね♡
お姉《ねえ》ちゃんはプリン担当《たんとう》ね
私《わたし》はカラメルソースをつくるから
カラメルソースってどうやってつくるんだったっけ？
砂糖《さとう》を煮《に》つめるだけだよ
…ってことは私《わたし》のほうが手間《てま》がかかるのね
テヘ♡

カラメルソースは、砂糖《さとう》を煮《に》てつくるって「ホント」？　それとも「ウソ」？
考《かんが》えてみよう！

ヒント：砂糖《さとう》は変身《へんしん》する…

ホント

（砂糖《さとう》を煮《に》つめると、カラメルソースができる）

プリンのカラメルソースは、砂《さ》糖《とう》と水《みず》をなべで煮《に》つめてつくります。このとき、加《か》熱《ねつ》する温《おん》度《ど》が重要《じゅうよう》です。温度《おんど》によって、できあがるものが、かわるためです。

カラメルソースは、165〜180℃《ど》で加熱《かねつ》するとできます。少《すこ》し高《たか》い190℃《ど》で加熱《かねつ》すれば、コーラやソースなどの色《いろ》づけに使《つか》われる「カラメル」になります（あまさはほぼない）。

少《すこ》し低《ひく》い165℃《ど》で加熱《かねつ》すると、お祭《まつ》りの屋台《やたい》や駄菓子屋《だがしや》で売《う》っている「べっこうあめ」になり、さらに低《ひく》い103〜105℃《ど》で加熱《かねつ》すると「シロップ」になります※。

なお、かんちがいしやすいのですが、砂糖《さとう》（砂糖水《さとうみず》）をどのように煮《に》つめても、水《みず》あめにはなりません。これは水《みず》あめが、砂糖《さとう》ではなく「デンプン」からつくられるためです。

べっこうあめ

※出典《しゅってん》：精糖工業会《せいとうこうぎょうかい》ウェブサイト（https://seitokogyokai.com/science/changes/）

アイスクリームをつくろう

06話《わ》

アイスクリームをつくろう！
材料《ざいりょう》を用意《ようい》して…
氷《こおり》を入《い》れたボウルの中《なか》でひたすらまぜる
氷《こおり》に塩《しお》をふりかけて！
食塩
なんで？
温度《おんど》を下《さ》げるためだよ
完成《かんせい》！
あれ？しょっぱい…
まちがえてアイスのほうに塩《しお》入《い》れたでしょ

氷《こおり》に塩《しお》をかけると、温度《おんど》が下《さ》がるって「ホント」？　それとも「ウソ」？
考《かんが》えてみよう！

ヒント：氷《こおり》だけだと、途中《とちゅう》で…

ホント

（塩《しお》をふると、氷《こおり》を入《い》れたボウルの温度《おんど》が下《さ》がる）

氷《こおり》は０℃《ど》になると、とけて水《みず》になります。

固体《こたい》の氷《こおり》がとけて、液体《えきたい》の水《みず》になるとき、まわりから熱《ねつ》をうばいます…①。食《た》べ物《もの》のそば・に氷《こおり》を置《お》くと、食《た》べ物《もの》が冷《ひ》えるのは、このためです。

また、塩《しお》が水《みず》にとけるときにも、まわりから熱《ねつ》をうばい、まわりの温度《おんど》を下《さ》げます…②。

氷《こおり》に塩《しお》をふると、①と②が一緒《いっしょ》におきます※。これにより、氷《こおり》のまわりの温度《おんど》が、０℃《ど》以下《いか》にまで下《さ》がります。たとえば、

100グラムの氷《こおり》に対《たい》して、約《やく》36グラムの塩《しお》を使《つか》うと（飽和食《ほうわしょく》塩水《えんすい》）、マイナス20℃《ど》ほどにまで下《さ》がります。

雪国《ゆきぐに》では、雪道《ゆきみち》に塩《しお》（塩化《えんか》ナトリウム、塩化《えんか》カルシウム、塩《えん》化《か》マグネシウム）をまくことがありますが、これも同《おな》じしくみです。雪道《ゆきみち》の温度《おんど》を下《さ》げる、すなわち、水分《すいぶん》がこおりはじめる温度《おんど》を下《さ》げることで、自動車《じどうしゃ》のスリップを防《ふせ》いでいるのです。

※氷《こおり》に塩《しお》をふると、氷《こおり》のとける速《はや》さが増《ま》し、①がきゅうげきにおこる。②は、氷《こおり》がとけてできた水《みず》に、塩《しお》がとけることでおこる。

かわらない瞬間《しゅんかん》冷凍《れいとう》
あー おなか いっぱい♡
筑前煮《ちくぜんに》ラブ♡
ごちそうさま〜
残《のこ》りは冷凍《れいとう》して後日《ごじつ》食《た》べよっと
それ あまり おすすめしない ニャ…
なんで?
ビシッ!!
冷凍《れいとう》させると食感《しょっかん》がかわるからニャ!

この前《まえ》食《た》べた冷凍食品《れいとうしょくひん》の筑前煮《ちくぜんに》はとくに変《へん》じゃなかったけどなぁ…
それは きっと瞬間冷凍技術《しゅんかんれいとうぎじゅつ》を使《つか》ってつくられたものニャ
まず 家《いえ》にある冷凍庫《れいとうこ》での冷凍《れいとう》はこんな感《かん》じニャ
①こおる前《まえ》の細胞《さいぼう》
氷《みず》のつぶ
②まわりから徐々《じょじょ》にこおることで、氷《こおり》のつぶが大《おお》きくなる。これにより、細胞壁《さいぼうへき》がこわされる。
氷《こおり》のつぶ
③細胞壁《さいぼうへき》がこわれているので、水分《すいぶん》やうまみが流《なが》れでる。
ゆっくりこおることで食《た》べ物《もの》の細胞《さいぼう》がこわれちゃうんだね
へぇ〜!!

※冷凍《れいとう》の過程《かてい》は、株式会社《かぶしきがいしゃ》テクニカンのウェブサイト(https://technican.co.jp)を参考《さんこう》にした。

こっちは瞬間冷凍《しゅんかんれいとう》をした場合《ばあい》ニャ※
へぇ〜
①こおる前《まえ》の細胞《さいぼう》
②冷風《れいふう》とCAS《キャス》エネルギーで水《みず》のつぶをふるえさせ、氷《こおり》のつぶの成長《せいちょう》をおさえる（＝過冷却状態《かれいきゃくじょうたい》）。
③過冷却状態《かれいきゃくじょうたい》から、全体《ぜんたい》（食品《しょくひん》と水《みず》のつぶ）を一気《いっき》にこおらせる。
④細胞壁《さいぼうへき》がこわれておらず、また水《みず》のつぶがこおる前《まえ》と同《おな》じ位置《いち》にあるので、食品《しょくひん》は同《おな》じ状態《じょうたい》にもどる。
過冷却《かれいきゃく》とは本来《ほんらい》こおるはずの温度《おんど》でも液体《えきたい》のままで存在《そんざい》する現象《げんしょう》のことじゃ
くまじい豆知識《まめちしき》
おいしい筑前煮《ちくぜんに》に元通《もとどお》り♡
そうそう♡

※ここではCAS《キャス》冷凍《れいとう》の過程《かてい》をえがいた。ほかにも冷風《れいふう》や液体《えきたい》、液体窒素《えきたいちっそ》による方法《ほうほう》がある。

ちなみに
フリーズドライ食品《しょくひん》も
食品《しょくひん》を急速《きゅうそく》に
冷凍《れいとう》させたあと
真空状態《しんくうじょうたい》にして
（＝水分《すいぶん》をぬく）
つくるニャ
いちごのフリーズドライ
みそ汁
みそ汁《しる》のフリーズドライ
へぇー！
ここには
瞬間冷凍機《しゅんかんれいとうき》なんて
ないからな…
どうしよう
キラリ…
いい方法《ほうほう》が
あるニャ
オレの胃《い》の中《なか》に
保存《ほぞん》するニャ♡
いくらでも入《はい》りますニャ
食《た》べたいって
ことね…
もどってこないんだから保存《ほぞん》じゃない！！

←次《つぎ》の話《はなし》へGO《ゴー》！

つかれたときに飲《の》むドリンク 07話《わ》

はぁ…クタクタ
練習《れんしゅう》でつかれているのね
私《わたし》が元気《げんき》にしてあげなくちゃ…
ぐっ
みんなこれ飲《の》んで！
わーなになに？
みそ汁《しる》↓
つかれをとるには塩分《えんぶん》がいいって聞《き》いたから♡
助《たす》かるなぁ！

つかれをとるには、塩分《えんぶん》がいいって「ホント」？　それとも「ウソ」？
考《かんが》えてみよう！

ヒント：汗《あせ》はかいていないようだね…

ウソ

（つかれに効《き》くのは、あまいものや、すっぱいもの）

つかれたときに飲《の》むべきものとして、よく知《し》られているのが「はちみつレモン水《すい》」です。

　はちみつとレモンであるのには理由《りゆう》があります。まず、はちみつには「糖質《とうしつ》」がふくまれています※。糖質《とうしつ》は、私《わたし》たちが活動《かつどう》するためのエネルギー源《げん》となるものです。

　そしてレモンには、すっぱさのもととなる「クエン酸《さん》」がふくまれています。クエン酸《さん》には、体《からだ》がエネルギーをつくりだすスピードをアップさせる効果《こうか》があります。さらに、体内《たいない》にたまり、つかれや筋肉痛《きんにくつう》を引《ひ》きおこす「乳酸《にゅうさん》」を分解《ぶんかい》するはたらきもあります。

　ちなみに、塩分《えんぶん》（塩《しお》）は汗《あせ》をたくさんかいたときに、とったほうがよいとされるものです。これは、汗《あせ》とともに体内《たいない》の塩分《えんぶん》が流《なが》れでてしまい、不足《ふそく》してしまうためです。

※はちみつにふくまれるのは、吸収《きゅうしゅう》の速《はや》い「単糖《たんとう》」。

炭酸水《たんさんすい》のトリック

08話《わ》

マジックショー！
この水《みず》を一瞬《いっしゅん》にして炭酸水《たんさんすい》にかえてみせましょう
3・2・1…
はいっ！
飲《の》んでみて
炭酸《たんさん》だ…
どうやったの？
マジックさ
そうじゃなくて何《なに》したのー？
飲《の》んでも大丈夫《だいじょうぶ》なの？
ごまかさないでー
マジシャンだからねぇ…種《たね》あかしは…

水《みず》を炭酸水《たんさんすい》にかえることが「できる」？　それとも「できない」？

考《かん》えてみよう！

ヒント：炭酸《たんさん》の泡《あわ》の正体《しょうたい》は…

できる

水《みず》を一瞬《いっしゅん》で炭酸水《たんさんすい》にするにはあるものを水《みず》に加《くわ》えます。それは、クエン酸《さん》と重《じゅう》そうです。

クエン酸《さん》は「酸性《さんせい》」というグループに、重《じゅう》そうは「アルカリ性《せい》」というグループに分《わ》けられます※。酸性《さんせい》の液体《えきたい》とアルカリ性《せい》の液体《えきたい》をまぜると、おたがいの性質《せいしつ》が打《う》ち消《け》しあいます。これを「中和反応《ちゅうわはんのう》」といいます。

クエン酸《さん》と重《じゅう》そうをまぜると中和反応《ちゅうわはんのう》がおきて、水《みず》と二酸化《にさんか》炭素《たんそ》、クエン酸《さん》ナトリウムができます。この二酸化炭素《にさんかたんそ》が泡《あわ》となり、シュワッとした炭酸水《たんさんすい》ができあがるというわけです。

ただし、クエン酸《さん》ナトリウムはあまりおいしくないので、果《か》汁《じゅう》やはちみつを加《くわ》えると、飲《の》みやすくなります。

実験《じっけん》する場合《ばあい》は食用《しょくよう》のクエン酸《さん》と重《じゅう》そうを使《つか》うのじゃよ
量《りょう》は水《みず》500 mLに小《こ》さじ1くらいじゃ!

※酸性《さんせい》は青色《あおいろ》リトマス紙《し》を赤色《あかいろ》に、アルカリ性《せい》は赤色《あかいろ》リトマス紙《し》を青色《あおいろ》にかえる。

おもちが食《た》べたい　09話《わ》

おもちが食《た》べたいのぉ
えっ…おもち!?
つくったことないなぁ
いつも食《た》べてるお米《こめ》からできてるんだよね
お米《こめ》を水《みず》にひたして蒸《む》して…
ぺったん ぺったん
ついてみよう!
おお…できた!
おじいちゃんおもちだよ!
うーん…今《いま》はクイニーアマンの気分《きぶん》なんじゃよな

この話《はなし》は「ホント」？　それとも「ウソ」？
考《かんが》えてみよう！

ヒント：みんながふだん食《た》べているのは、うるち米《まい》…

ウソ

（もちに使《つか》うのは、もち米《ごめ》）

私《わたし》たちがふだん食《た》べているお米《こめ》は「うるち米《まい》」とよばれます。うるち米《まい》は、せんべいや、だんごなどの材料《ざいりょう》になります。

　おもちの材料《ざいりょう》となるのは「もち米《ごめ》」です。もち米《ごめ》は、うるち米《まい》にくらべ、ねばりを生《う》む「アミロペクチン」という物質《ぶっしつ》をより多《おお》くふくんでいるので、つくとおもちになります。

　あんみつなどに入《はい》っている白《しら》玉《たま》（だんご）や、大福《だいふく》の〝皮《かわ》〟となる求肥《ぎゅうひ》も、もち米《ごめ》からつくられます。あられ、おかきの材《ざい》料《りょう》になっているのももち米《ごめ》ですし、赤飯《せきはん》やおこわ、おはぎは、うるち米《まい》に少《すこ》しだけもち米《ごめ》をまぜて、ねばりのある食感《しょっかん》を生《う》みだしています。

★蒸《む》し器《き》に入《い》れられたもち米《ごめ》

デザートは別腹《べつばら》　10話《わ》

父《とう》さん よく「デザートは別腹《べつばら》」っていうじゃん
別腹《べつばら》って本当《ほんとう》にあるの？
あるわけないない！ぜったいにない
そんなこと言《い》わないでよ オレ 実験《じっけん》して調《しら》べてみたいんだ
たしかに決《き》めつけるのはよくないな…
では おなかいっぱいステーキを食《た》べたあとにアイスクリームとケーキを…
食《た》べたいだけだろ

別腹《べつばら》は「ある」？　それとも「ない」？
考《かんが》えてみよう！

ヒント：みんなの経験《けいけん》からいうと…？

別腹《べつばら》は「ある」

「デザートは別腹《べつばら》」などと言《い》って、食後《しょくご》にあまいものを食《た》べたことがある人《ひと》もいると思《おも》います。おなかはいっぱいであるはずなのに、なぜ余分《よぶん》に食《た》べることができるのでしょうか。

デザートという〝みりょく的《てき》なもの〟を目《め》にすると、私《わたし》たちの脳《のう》では、興奮《こうふん》や快感《かいかん》に関係《かんけい》する「ドーパミン」、満足感《まんぞくかん》や幸《こう》福感《ふくかん》に関係《かんけい》する「β《ベータ》エンドルフィン」、食欲《しょくよく》を増《ま》すはたらきをもつ「オレキシン」などの物質《ぶっしつ》が分泌《ぶんぴつ》されます。これにより、

私《わたし》たちは「デザートを食《た》べたい」という気持《きも》ちが高《たか》まります。

一方《いっぽう》で、オレキシンが分泌《ぶんぴつ》されたことで、胃《い》の中《なか》にあるものが「十二指腸《じゅうにしちょう》」へと送《おく》りだされ、胃《い》の入《い》り口《ぐち》付近《ふきん》に小《ちい》さなスペースができます。このスペースが別腹《べつばら》の正体《しょうたい》です。つまり、別腹《べつばら》は「ある」といえます。

買《か》った卵《たまご》をあたためてみた　11話《わ》

スーパーに ニワトリの卵《たまご》が 売《う》ってるけど…
あたためたら・・・ ヒヨコがかえる のかな?
よし やってみよう!
すごい 本当《ほんとう》に生《う》まれた…
よし これをもとに 卵会社《たまごがいしゃ》をつくるぞ!
根性
努力
夢
…ということが 小学生《しょうがくせい》のときに あったんだ
目《め》のつけどころが さすがですね 社長《しゃちょう》!

スーパーで売《う》っている卵《たまご》からヒヨコがかえるって「ホント」？　それとも「ウソ」？
考《かんが》えてみよう！

ヒント：社長《しゃちょう》になれるものなら…なりたい！

ウソ

(スーパーで売《う》っている卵《たまご》は、かえらない)

ニワトリが産《う》む卵《たまご》には「有精《ゆうせい》卵《らん》」と「無精卵《むせいらん》」の2種類《しゅるい》があります。有精卵《ゆうせいらん》とは、オスのもつ「精子《せいし》」とメスのもつ「卵子《らんし》」がかかわってできた卵《たまご》です。一《いっ》方《ぽう》、無精卵《むせいらん》とは、オスの精子《せいし》がかかわることなく生《う》まれてきた卵《たまご》のことです。

多《おお》くの動物《どうぶつ》は「受精《じゅせい》」する、つまり精子《せいし》と卵子《らんし》が結《むす》びつくことで、子供《こども》が生《う》まれます。

私《わたし》たちがスーパーで見《み》かけるのは、基本的《きほんてき》には無精卵《むせいらん》なので(=受精《じゅせい》していない)、いくら大《だい》事《じ》にあたためても、ヒヨコがかえることはありません。

お店《みせ》で売《う》られているウズラの卵《たまご》には有精卵《ゆうせいらん》がまれにふくまれているから※ヒナがかえることがあるニャ!
ウズラ

※ヒナが大《おお》きくなっても飼《か》いつづけられる気持《きも》ちのある人《ひと》は、大人《おとな》と相談《そうだん》したうえで実験《じっけん》してみるのも、よい経験《けいけん》になると思《おも》います。

天《てん》ぷら油《あぶら》が燃《も》えた！　12話《わ》

水《みず》をかけろ！
いいえ！氷水《こおりみず》よ
ボッ
天《てん》ぷらなべから火《ひ》が！
バカモノちがう！
かたくしぼった大《おお》きなぬれタオルをかぶせるんじゃ!!
みんな知《し》らんのか！
バサッ
→フロあがり
じいちゃん…それよりも早《はや》くかくして
火《ひ》が消《き》えた

この話《はなし》は「ホント」？　それとも「ウソ」？
考《かんが》えてみよう！

ヒント：天《てん》ぷら油《あぶら》は高温《こうおん》…

ホント

(天《てん》ぷらなべからの火《ひ》には、かたくしぼった大《おお》きなぬれタオルをかぶせる)

火事《かじ》がおきると、消防車《しょうぼうしゃ》で大《たい》量《りょう》の水《みず》をかけるように、火《ひ》を消《け》すには「水《みず》」がよいと思《おも》う人《ひと》も少《すく》なくないはずです。しかし、場合《ばあい》によっては、水以外《みずいがい》の方法《ほうほう》で消火《しょうか》する必要《ひつよう》があります。

そのひとつが、天《てん》ぷらなべ（天《てん》ぷら油《あぶら》）から火《ひ》が出《で》た場合《ばあい》です。加熱《かねつ》された油《あぶら》は、200℃《ど》ほどと非常《ひじょう》に高温《こうおん》です。ここに水《みず》をかけると、水《みず》が一気《いっき》に水蒸気《すいじょうき》となり、爆発《ばくはつ》して油《あぶら》をまわりにまき散《ち》らしてしまいます。

そこで登場《とうじょう》するのが、かたくしぼった大《おお》きなぬれタオルです。これでなべをおおうと、火《ひ》に空《くう》気《き》が届《とど》かなくなります。火《ひ》は酸《さん》素《そ》がないと燃《も》えないので、やがて火《ひ》が消《き》えるというわけです※。

子供《こども》の消火作業《しょうかさぎょう》は大変危《たいへんあぶ》ないので、天《てん》ぷらなべから火《ひ》が上《あ》がっているのを見《み》た場合《ばあい》は、必《かなら》ず大人《おとな》をよぶようにしましょう。

※ふたをかぶせることでも、酸素《さんそ》を断《た》つことができる。

ナオとニャーのヒソヒソ話《ばなし》

マヨネーズのかぎは「卵《たまご》」

好《す》きな調味料《ちょうみりょう》を聞《き》いたとき、多《おお》くの人《ひと》があげるのが「マヨネーズ」でしょう。ふだん何気《なにげ》なく食《た》べているマヨネーズですが、みなさんは何《なに》からできているか知《し》っていますか？

…答《こた》えは卵《たまご》（卵黄《らんおう》）、植物油《しょくぶつゆ》、お酢《す》、そして塩《しお》です。

ここで、ある疑問《ぎもん》がわきます。油《あぶら》（植物油《しょくぶつゆ》）と水分《すいぶん》（お酢《す》）は本来《ほんらい》まざらないはずなのに、なぜまざりあってマヨネーズになるのでしょうか。

そのかぎをにぎるのが卵黄《らんおう》です。卵黄《らんおう》にふくまれる「レシチン」という物質《ぶっしつ》が、油《あぶら》とお酢《す》を結《むす》びつけるはたらきをしているのです。

このように、本来《ほんらい》まざりあわないものが、均一《きんいつ》にまざりあう現象《げんしょう》を「乳化《にゅうか》」といいます。

マヨネーズは、どこにでも売《う》っている材料《ざいりょう》をまぜるだけで、簡単《かんたん》につくれます。ぜひ、ちょうせんして、乳化《にゅうか》のようすを観《かん》察《さつ》してみてください。

ミッション

MISSION

05

宇宙《うちゅう》に関《かん》する実験《じっけん》

水《みず》クイズ 01話《わ》

ここに水《みず》の入《はい》ったびんがあります
これを宇宙《うちゅう》に持《も》っていくとびんの中《なか》はどうなるでしょう？
① 空気 水
② 水 空気
③ 空気 水 空気
④ 水 空気 水
⑤ 空気 水 空気
⑥ 水 空気 水
わかんない…
じゃあ実際《じっさい》に行《い》って確《たし》かめてみよう！
あ…地球《ちきゅう》にびん忘《わす》れてきちゃった

君《きみ》は①〜⑥のうち、どれが正解《せいかい》だと思《おも》う？
考《かんが》えてみよう！

ヒント：実験《じっけん》はできないけど、想像《そうぞう》してみよう！

正解《せいかい》は⑥

重力《じゅうりょく》がある地球《ちきゅう》では、びんに入《はい》った水《みず》は、びんの下《した》のほうにたまります。これを宇宙《うちゅう》に持《も》っていくと（びんを十分《じゅうぶん》にふってからしばらく放置《ほうち》すると）、不《ふ》思議《しぎ》なことがおきます。なんと水《みず》はガラスにくっつき、空気《くうき》は球《たま》のような形《かたち》になるのです。

　実《じつ》は、ガラスの表面《ひょうめん》には、水《みず》とくっつきやすい性質《せいしつ》があります。たとえば、地上《ちじょう》でコップのふちを見《み》ると、コップの水《みず》がガラスを上《のぼ》ろうとしているのが、わかるはずです（下《した》の写真《しゃしん》）。

地球《ちきゅう》では重力《じゅうりょく》がはたらくため、水《みず》はある程度《ていど》の高《たか》さまでしか上《のぼ》れませんが、無重力空間《むじゅうりょくくうかん》ではどこまでも上《のぼ》っていきます。これにより、びんの内側《うちがわ》が水《みず》でおおわれるというわけです。

一方《いっぽう》、空気《くうき》は「表面張力《ひょうめんちょうりょく》」という力《ちから》によって、球《たま》のような形《かたち》になります。

★コップのふちを上《のぼ》ろうとする水《みず》

※問題《もんだい》の出典《しゅってん》：JAXA《ジャクサ》ウェブサイト

(https://humans-in-space.jaxa.jp/faq/detail/000709.html)

宇宙船内《うちゅうせんない》で、紙飛行機《かみひこうき》を飛《と》ばしたら…　02話《わ》

地球《ちきゅう》までけっこうかかるんだよなー
よし！無重力空間《むじゅうりょくくうかん》紙飛行機《かみひこうき》飛《と》ばし大会《たいかい》やろうぜ
それいいな！
それっ…
すごいスピードで飛《と》ぶね！
グサッ！
わーっ！おきておきて!!!
※その後目《ごめ》を覚《さ》まし、無事《ぶじ》に地球《ちきゅう》に着《つ》きました。

紙飛行機《かみひこうき》がすごいスピードで飛《と》ぶのは「ホント」？　それとも「ウソ」？
考《かんが》えてみよう！

ヒント：翼《つばさ》にかかるのは、うく力《ちから》だけ…

ウソ

（紙飛行機《かみひこうき》は、一定《いってい》の半径《はんけい》で宙返《ちゅうがえ》りをくりかえす）

地上《ちじょう》で紙飛行機《かみひこうき》が飛《と》ぶとき、下向《したむ》きの「重力《じゅうりょく》」と、上向《うわむ》きの「揚力《ようりょく》」が生《しょう》じます。揚力《ようりょく》とは簡単《かんたん》にいうと、うくための力《ちから》のことです（↓22ページ）。

宇宙船《うちゅうせん》の中《なか》は無重力《むじゅうりょく》なので、紙飛行機《かみひこうき》には揚力《ようりょく》しかかかりません。ですから、進《すす》む方向《ほうこう》に対《たい》して〝上昇《じょうしょう》〟をつづけます。これにより、紙飛行機《かみひこうき》は一定《いってい》の半《はん》径《けい》の円《えん》をえがくように、宙返《ちゅうがえ》りをくりかえします。

ただし、紙飛行機《かみひこうき》は空気《くうき》ていこう※を受《う》けるため、飛《と》ぶ速度《そくど》はだんだんとおそくなります。おもしろいことに、速度《そくど》が落《お》ちても、宙返《ちゅうがえ》りの円《えん》の半径《はんけい》はかわりません。

宇宙飛行士《うちゅうひこうし》の
大西《おおにし》さんと若田《わかた》さんは
国際宇宙《こくさいうちゅう》ステーションで
紙飛行機《かみひこうき》を飛《と》ばす
実験《じっけん》をしているよ

※飛《と》ぶのをじゃまする空気《くうき》の力《ちから》で、進行方向《しんこうほうこう》とは逆向《ぎゃくむ》きにかかる。

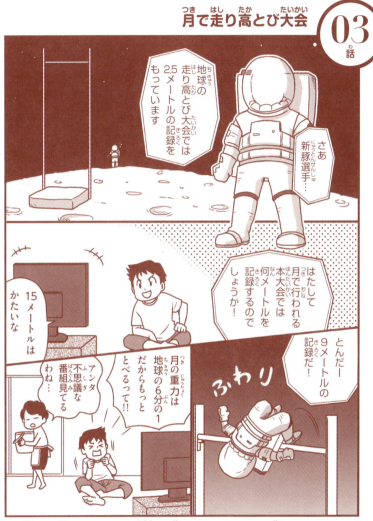

月《つき》で走《はし》り高《たか》とび大会《たいかい》 03話《わ》

この選手《せんしゅ》は、月《つき》で15メートルの記録《きろく》が「出《だ》せる」？　それとも「出《だ》せない」？
考《かんが》えてみよう！

ヒント：りくつは、意外《いがい》に複雑《ふくざつ》かも…

出《だ》せない

(とびこえられるバーは、10メートルくらい)

地球《ちきゅう》で、身長《しんちょう》1.8メートルの選《せん》手《しゅ》が2.5メートルのバーをとびこえるということは、地面《じめん》から1メートルの高《たか》さにある体《からだ》の重心《じゅうしん》を、1.5メートル持《も》ち上《あ》げるということです…①。

月《つき》は、地球《ちきゅう》の6分《ぶん》の1の重力《じゅうりょく》しかありません。これは、6倍《ばい》高《たか》く〝自分自身《じぶんじしん》を持《も》ち上《あ》げられる〟ということです。

1.5メートルの6倍《ばい》は「9メートル」です。よって、10メートルのバーであれば、この選手《せんしゅ》はとびこえられるでしょう…②。

★月《つき》と地球《ちきゅう》のちがい

②月面《げつめん》

バーの高《たか》さ
10m
9m
持《も》ち上《あ》げる
重心《じゅうしん》
1m
身長《しんちょう》：1.8m

①地球《ちきゅう》

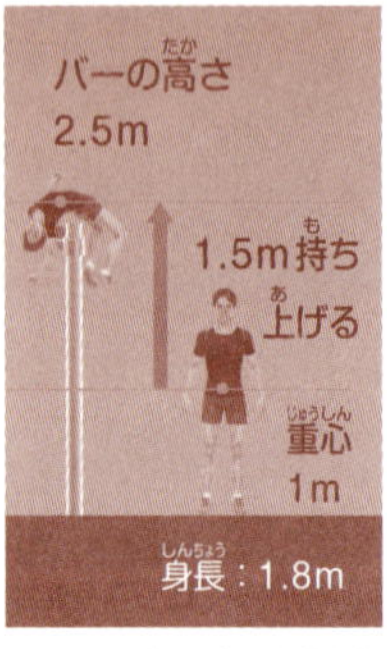
バーの高《たか》さ
2.5m
1.5m持《も》ち
上《あ》げる
重心《じゅうしん》
1m
身長《しんちょう》：1.8m

※問題《もんだい》の出典《しゅってん》：マーティン・ガードナー著《ちょ》、金子務《かねこつとむ》 訳《やく》『宇宙《うちゅう》のパズル』白揚社《はくようしゃ》（1972年《ねん》）

宇宙《うちゅう》でキャッチボール　04話《わ》

先生《せんせい》！
どうした
何《なん》だ？
無重力《むじゅうりょく》の宇宙《うちゅう》でキャッチボールをしたらボールはどう飛《と》ぶんですか？
？
紙飛行機《かみひこうき》と同《おな》じように宙返《ちゅうがえ》りするんじゃないかな
……
どうした？
友達《ともだち》が宇宙船《うちゅうせん》で紙飛行機大会《かみひこうきたいかい》をやったら冷《ひ》や汗《あせ》をかいたって言《い》ってたのを思《おも》いだして…
？
※123ページだね。

先生《せんせい》の話《はなし》は「ホント」？　それとも「ウソ」？
考《かんが》えてみよう！

ヒント：紙飛行機《かみひこうき》には、下向《したむ》きと上向《うわむ》きの…

ウソ

（ボールは、どこまでも同《おな》じ方向《ほうこう》に進《すす》む）

ボールには翼《つばさ》がありません。よって、紙飛行機《かみひこうき》のように揚力《ようりょく》ははたらきません。

また、空気《くうき》のない宇宙《うちゅう》には、空気《くうき》ていこうもありません。つまり〝じゃまをする力《ちから》〟がないので、ある地点《ちてん》から投《な》げたボールは、永久《えいきゅう》に同《おな》じ速《はや》さで同《おな》じ方《ほう》向《こう》に、まっすぐ進《すす》みつづけます（＝等速直線運動《とうそくちょくせんうんどう》・61ページ）。

これを「慣性《かんせい》の法則《ほうそく》」といいます。実際《じっさい》に、1977年《ねん》に打《う》ち上《あ》げられたNASA《ナサ》の探査機《たんさき》「ボイジャー1号《ごう》」と「ボイジャー2号《ごう》」は、慣性《かんせい》の法則《ほうそく》にしたがって、今《いま》も太陽系《たいようけい》の外《そと》に向《む》かって進《すす》みつづけています。

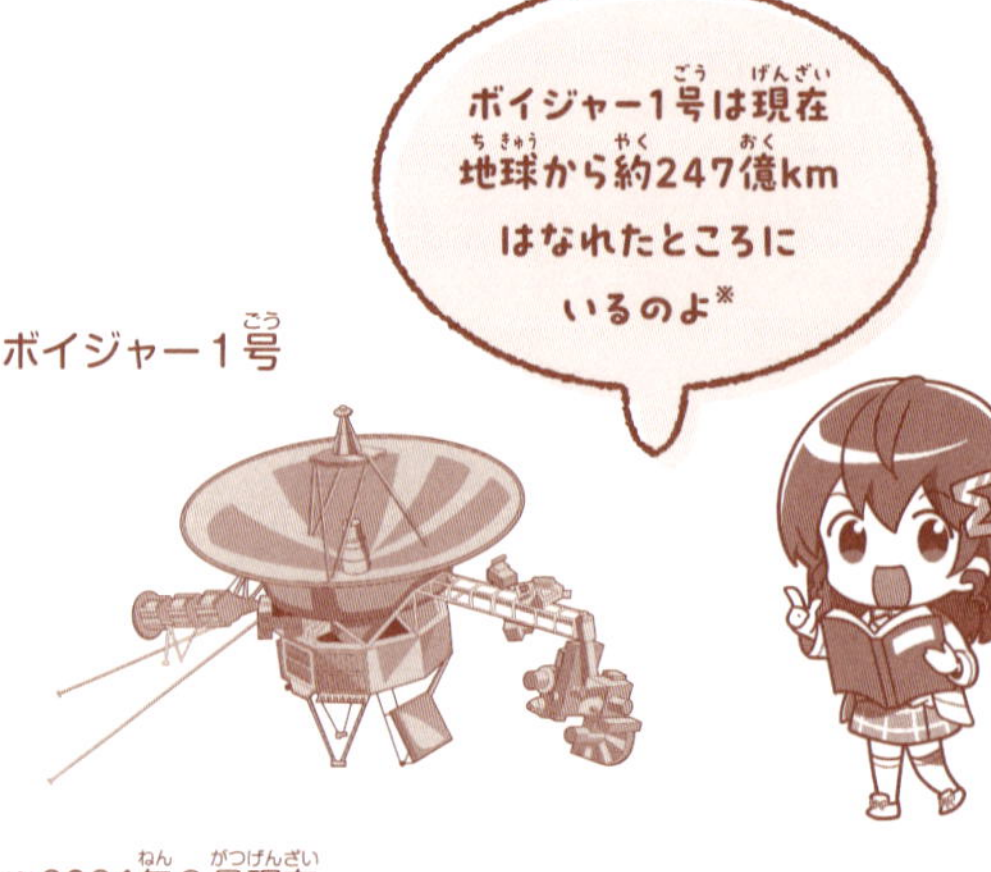
ボイジャー1号《ごう》は現在《げんざい》地球《ちきゅう》から約《やく》247億《おく》kmはなれたところにいるのよ※
ボイジャー1号《ごう》

※2024年《ねん》9月現在《がつげんざい》。

どっちが先《さき》に落下《らっか》する？

05話《わ》

鉄球《てっきゅう》より羽毛《うもう》のほうが速《はや》く落《お》ちるって「ホント」？　それとも「ウソ」？
考《かんが》えてみよう！

ヒント：宇宙《うちゅう》には空気《くうき》がない…

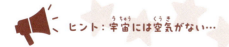

ウソ

(羽毛《うもう》と鉄球《てっきゅう》は、同《おな》じ速度《そくど》で落下《らっか》する)

宇宙《うちゅう》では、鳥《とり》の羽毛《うもう》も鉄球《てっきゅう》も同《おな》じ速《はや》さで落下《らっか》します。これは宇宙《うちゅう》には空気《くうき》がなく、空気《くうき》ていこうが生《しょう》じないためです。

ここで、ひとつ疑問《ぎもん》がわきます。宇宙《うちゅう》は無重力《むじゅうりょく》なので、ものの重《おも》さを感《かん》じません。では、鉄球《てっきゅう》を使《つか》ったキャッチボールはできるのでしょうか。

鉄球《てっきゅう》を手《て》にのせることは、きっと難《なん》なくできるでしょう。しかし、軽《かる》い（質量《しつりょう》の小《ちい》さい）もののよりも、重《おも》い（質量《しつりょう》の大《おお》きい）もののほうが動《うご》かしにくいのは

宇宙《うちゅう》でも地球《ちきゅう》でも同《おな》じなので、キャッチボールはむずかしいかもしれません。

「質量《しつりょう》」とは場所《ばしょ》がかわっても変化《へんか》しない物質《ぶっしつ》そのものの量《りょう》のことじゃ
「重《おも》さ」は物体《ぶったい》にはたらく重力《じゅうりょく》の大《おお》きさニャ!

(例《れい》)

地球上《ちきゅうじょう》
・重《おも》さ…10kg
・質量《しつりょう》…10kg

宇宙空間《うちゅうくうかん》
・重《おも》さ…0kg
・質量《しつりょう》…10kg

音《おと》は聞《き》こえる？　聞《き》こえない？

06 話《わ》

あっ…
ビュッ
すみませーん！
落《お》としましたよー
すみませーん!!!
ドン
わあっ…！
びくっ
だめですよ
ゴミ捨《す》てちゃ！
宇宙《うちゅう》だから 君《きみ》の声《こえ》が
聞《き》こえなかったんだ
ゆるして！

宇宙《うちゅう》では声《こえ》が聞《き》こえないって「ホント」？　それとも「ウソ」？
考《かんが》えてみよう！

ヒント：罪《つみ》をにくんで人《ひと》をにくまず…

ホント

（宇宙《うちゅう》では音《おと》が聞《き》こえない）

地球《ちきゅう》でたいこをたたくと、たいこの表面《ひょうめん》が細《こま》かくふるえます。すると、池《いけ》に石《いし》を投《な》げ入《い》れたときのように、空気中《くうきちゅう》に〝波《なみ》〟ができて、まわりに広《ひろ》がっていきます。

この波《なみ》を耳《みみ》がとらえると、私《わたし》たちは「音《おと》」として認識《にんしき》します。つまり音《おと》の正体《しょうたい》は、空気《くうき》のふるえ（振動《しんどう》）なのです。

宇宙《うちゅう》には空気《くうき》がないので、当《とう》然《ぜん》〝波《なみ》〟もできません。よって、宇宙《うちゅう》では音《おと》は聞《き》こえません。

プールで水中《すいちゅう》にもぐっている人《ひと》に、プールサイドの人《ひと》の話《はな》し声《こえ》が聞《き》こえないのも、これと同《おな》じ理由《りゆう》です（水《みず》がかべとなって〝波《なみ》〟が耳《みみ》に届《とど》かない）。

ただし、水中《すいちゅう》（液体中《えきたいちゅう》）で出《で》た音《おと》は、水中《すいちゅう》を伝《つた》わります。これは、水《みず》のつぶが音《おと》の振動《しんどう》を伝《つた》えるためです。

水《みず》は空気《くうき》よりも
約《やく》4.4倍速《ばいはや》く
音《おと》を伝《つた》えるのよ

無重力空間《むじゅうりょくくうかん》で、ろうそくを燃《も》やすと…？

07話《わ》

宇宙飛行士《うちゅうひこうし》トークショー
宇宙《うちゅう》への旅《たび》 おつかれさまでした
ここで子供《こども》たちからの質問《しつもん》です
ハーーーイ
宇宙船《うちゅうせん》の中《なか》ではろうそくはどんな形《かたち》の炎《ほのお》をあげて燃《も》えるんですか？
無重力《むじゅうりょく》だけど空気《くうき》はあるからね…地球《ちきゅう》とかわらないよ
そうだ 君《きみ》知《し》ってるかい？
宇宙《うちゅう》では恋《こい》の炎《ほのお》も地球《ちきゅう》と同《おな》じように燃《も》え上《あ》がるんだよ
はぁ…

この話《はなし》は「ホント」？　それとも「ウソ」？
考《かんが》えてみよう！

ヒント：無重力《むじゅうりょく》というのが、ひとつのポイント…

ウソ

（炎《ほのお》は丸《まる》くなり、やがて消《き》える）

地球《ちきゅう》でろうそくを燃《も》やすと、あたためられた、ろうそくのまわりの空気《くうき》は軽《かる》くなり、上《うえ》にのぼります。すると、上《うえ》にのぼった空気《くうき》をおぎなうように、ほのおの下側《したがわ》から新《あたら》しい空気《くうき》が次々《つぎつぎ》と供給《きょうきゅう》されます※。

このような空気《くうき》の流《なが》れを「対《たい》流《りゅう》」といいます。炎《ほのお》の形《かたち》が細長《ほそなが》くなるのは、この対流《たいりゅう》がおこるためです。

一方《いっぽう》、無重力《むじゅうりょく》の宇宙船内《うちゅうせんない》ではものの重《おも》さが消《き》えます。つまり空気《くうき》が上《うえ》にのぼらないので、ろうそくの炎《ほのお》は、しんを中心《ちゅうしん》に丸《まる》くなります。また、新《あたら》しい空気《くうき》が供給《きょうきゅう》されないので、まわりにある空気《くうき》を使《つか》い果《は》たすと、火《ひ》は消《き》えてしまいます。

★ろうそくの炎《ほのお》のようす

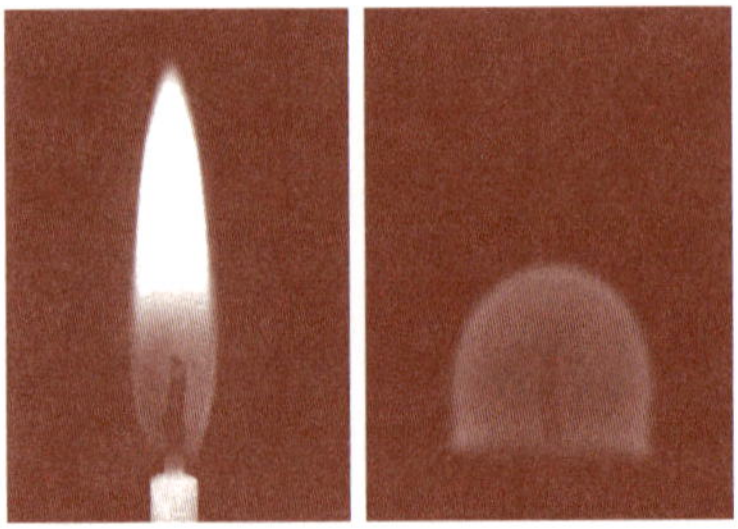

地球上《ちきゅうじょう》　無重力空間《むじゅうりょくくうかん》

※よりくわしい解説《かいせつ》：しんに点火《てんか》した炎《ほのお》は、その熱《ねつ》でまわりのロウをとかす。とかされた液体《えきたい》のロウは、毛細管現象《もうさいかんげんしょう》によってしんを伝《つた》わり、のぼっていく。しんの上部《じょうぶ》では、のぼってきた液体《えきたい》のロウがさらに熱《ねっ》せられ、高温《こうおん》の気体《きたい》になる。これが、空気中《くうきちゅう》の酸素《さんそ》とまざりあって炎《ほのお》となり、ろうそくは燃《も》えつづける。

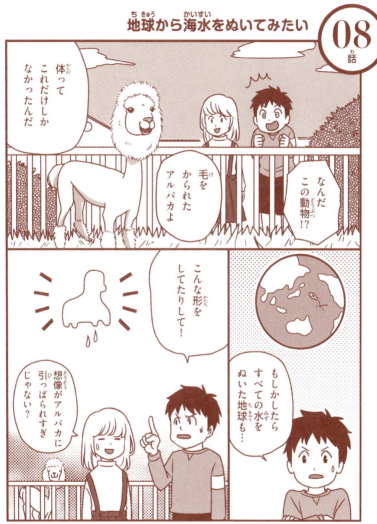

地球《ちきゅう》から海水《かいすい》をぬいてみたい　08話《わ》

君《きみ》は、どんな形《かたち》をしていると思《おも》う？
想像《そうぞう》してみよう！

ヒント：海《うみ》は最《もっと》も深《ふか》いところで、約《やく》1万《まん》1000メートル…

見《み》た目《め》はほとんどかわらない

地球《ちきゅう》の海水《かいすい》をすべて集《あつ》めると13.7億《おく》立方《りっぽう》キロメートルになります。

また、陸地《りくち》には川《かわ》などがあり、空気《くうき》（大気《たいき》）にも水蒸気《すいじょうき》がふくまれています。これらを集《あつ》めると3900万立方《まんりっぽう》キロメートルになるので、地球全体《ちきゅうぜんたい》の水《みず》の体積《たいせき》は、14.1億立方《おくりっぽう》キロメートルになります。

地球《ちきゅう》の体積《たいせき》は1兆《ちょう》830億立《おくりっ》方《ぽう》キロメートルなので、水《みず》の体積《たいせき》はその0.1%《パーセント》ほどしかないことになります。よって、地球《ちきゅう》からすべての水《みず》をぬいても、見《み》た目《め》はほとんどかわらないでしょう。

ちなみに、海水《かいすい》だけで球《たま》をつくると、その半径《はんけい》は689キロメートルになります。

★海水《かいすい》をぬいた地球《ちきゅう》

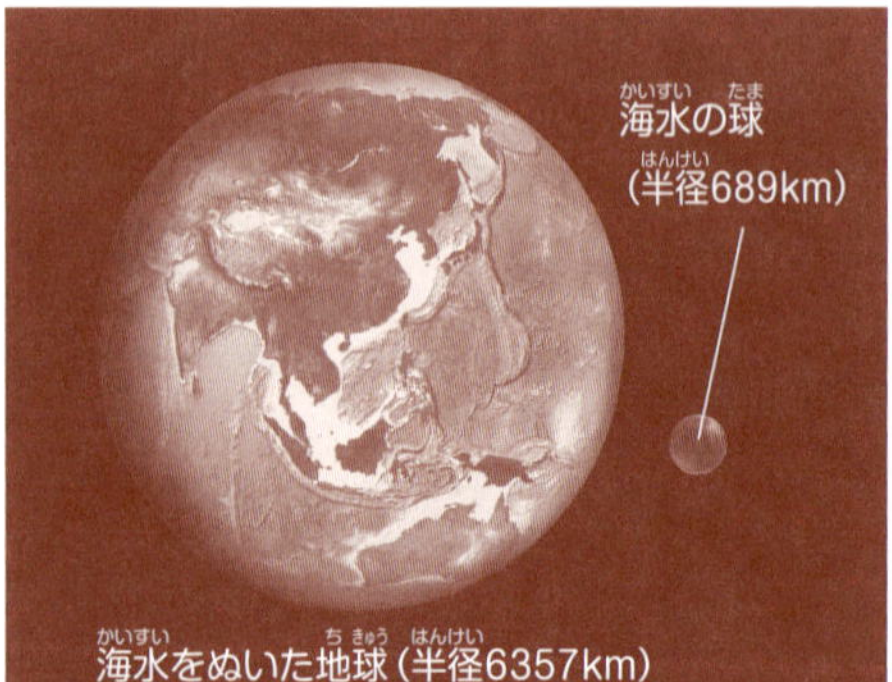
海水《かいすい》の球《たま》
(半径《はんけい》689km)
海水《かいすい》をぬいた地球《ちきゅう》(半径《はんけい》6357km)

もしも地球《ちきゅう》の自転《じてん》・公転《こうてん》が…　09話《わ》

半分《はんぶん》が砂漠《さばく》、もう半分《はんぶん》が氷《こおり》の世界《せかい》になるって「ホント」？　それとも「ウソ」？
考《かんが》えてみよう！

ヒント：太陽光《たいようこう》が…

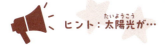

ホント

（半分《はんぶん》が砂漠《さばく》、半分《はんぶん》が氷《こおり》の世界《せかい》になる）

月《つき》は、自転《じてん》も公転《こうてん》も1年《ねん》に1回《かい》しかしません。これは、地球《ちきゅう》に対《たい》してつねに同《おな》じ面《めん》を向《む》けているということです（地球《ちきゅう》から〝ウサギ〟がいつも見《み》られるのは、このため）。

地球《ちきゅう》が月《つき》のように、自転《じてん》・公《こう》転《てん》が1年《ねん》に1回《かい》しかしなくなったら、太陽《たいよう》に対《たい》してつねに同《おな》じ面《めん》を向《む》けることになります。これにより、①太陽光《たいようこう》が当《あ》たりつづける面《めん》と、②太陽光《たいようこう》がまったく当《あ》たらない面《めん》ができます。

①はつねに昼《ひる》となるので、水《みず》は干上《ひあ》がり、砂漠《さばく》が広《ひろ》がるでしょう。②はつねに夜《よる》となるので気温《きおん》が上《あ》がらず、雪《ゆき》や氷河《ひょうが》でおおわれるでしょう。

①と②の境目《さかいめ》では、氷河《ひょうが》がとけて水《みず》ができるので、生命《せいめい》が暮《く》らせるかもしれません。

★自転《じてん》・公転《こうてん》が1年《ねん》に1回《かい》の地球《ちきゅう》

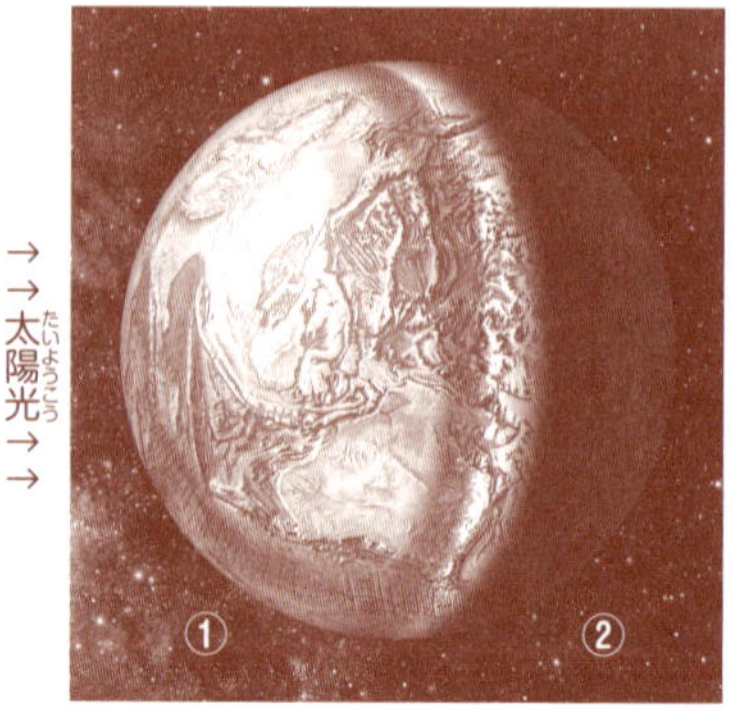

質
買います 売ります
ほら このネックレス 磁石《じしゃく》にくっつくでしょ？
つまり これは 金《きん》なんですよ お安《やす》くしますから プレゼントに いかがです？
え〜
ちょっと おじさん！
金《きん》は磁石《じしゃく》に 反応《はんのう》しない はずだよ

もしかして それ…
金《きん》じゃないいん
じゃない？
………
チッ…
ドロン
ライヤー団《だん》
だったのか
待《ま》てーっ!!
だっ
よし
つかまえたぞ！
ガバッ
はなせっ…
ザザッ

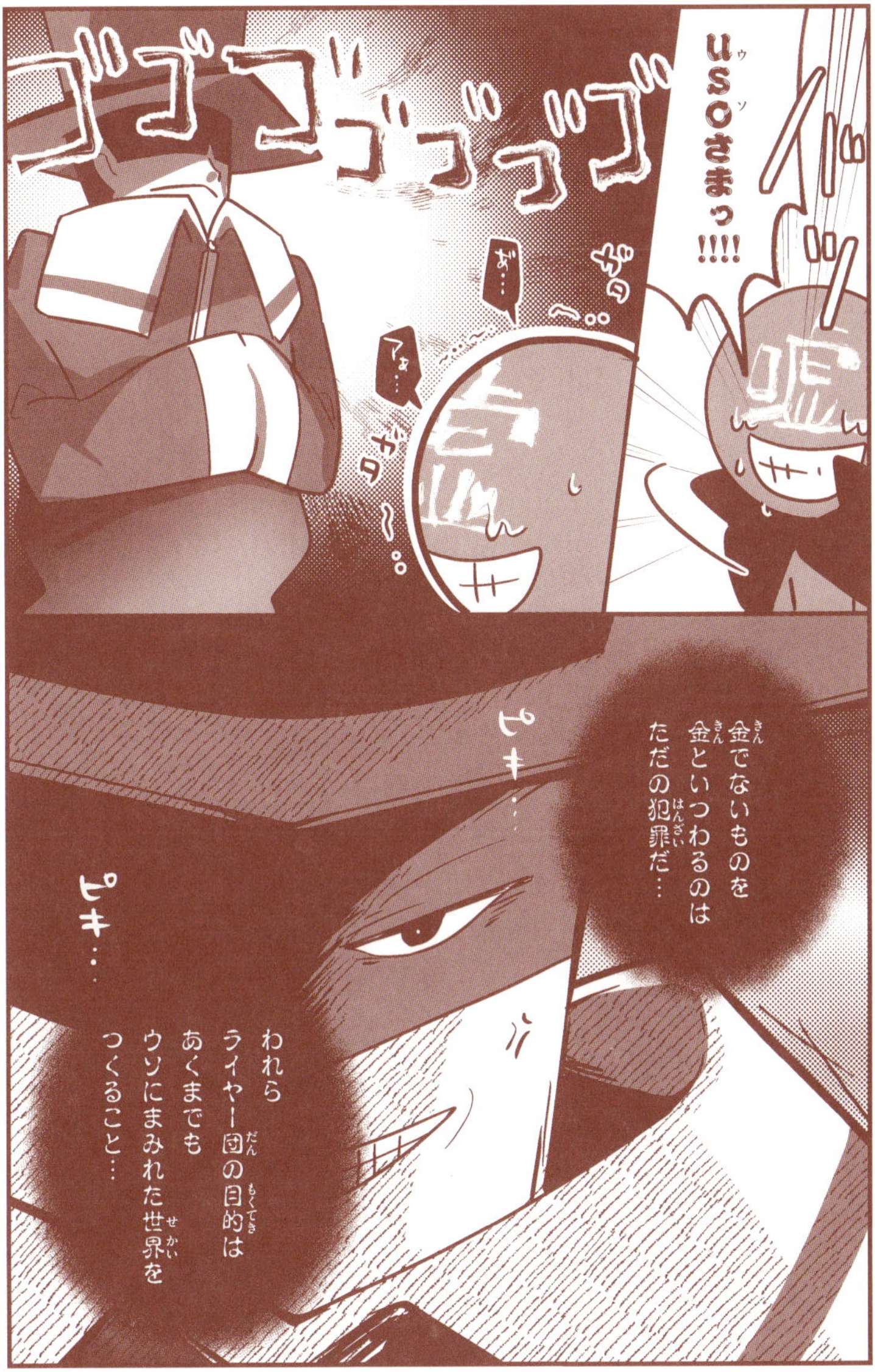
USO《ウソ》さまッ!!!!
ゴゴゴゴゴゴゴ
ガタ〜。。
あ゛…
ガタ〜。。
てぉ…
金《きん》でないものを
金《きん》といつわるのは
ただの犯罪《はんざい》だ…
ピキ…
ピキ…
われら
ライヤー団《だん》の目的《もくてき》は
あくまでも
ウソにまみれた世界《せかい》を
つくること…

お前《まえ》のような
心《こころ》のみにくいやつは
わが組織《そしき》に
必要《ひつよう》ない!!!!
すっ…
すみません
でしたぁ!!!!
あああ…
オレはもう
終《お》わりだァァ〜
げ…
元気《げんき》出《だ》せよ…

というわけで連《つ》れてきちゃった
ピース♡
お世話《せわ》になりやす♡
えええっ!?
おわりじゃ

マンガ

アヤカワ	1-4, 23-26, 75-78, 103-106, 139-143
いとうみつる	27, 49, 55, 59, 97, 115, 121, 123
加藤のりこ	9, 11, 35, 63, 67, 69, 73, 85, 117, 133
桜井葉子	13, 41, 43, 45, 51, 83, 127, 129
さややん。	15, 17, 19, 57, 65, 87, 107, 113, 131, 137
深蔵	29, 31, 39, 71
モンコ	33, 53, 79, 93, 95, 109, 125, 135
ヤマネアヤ	21, 47, 81, 91, 99, 101, 111

イラスト・写真

10	Peter Hermes Furian/stock.adobe.com
23	Aquiya/stock.adobe.com
30	varts/stock.adobe.com
32	perori/stock.adobe.com
34	MicroOne/stock.adobe.com
37	あ こ/stock.adobe.com
48	アフロ
50	matsu/stock.adobe.com
58	mari2d/stock.adobe.com・Newton Press
60	fuku/stock.adobe.com
61	Guido/stock.adobe.com
64	(道路)洋 奥山/stock.adobe.com, (錯視) Peter Hermes Furian/stock.adobe.com
70	Vadim/stock.adobe.com
72	tarou230/stock.adobe.com
74	Daria Pushka/shutterstock.com
80	matsukiyo/stock.adobe.com
84	あるぱかこ/stock.adobe.com
92	Africa Studio/PIXTA
100	SKYS Co., Ltd./stock.adobe.com
108	KEEE/stock.adobe.com
112	moki/stock.adobe.com
114	gomes/stock.adobe.com
116	j/stock.adobe.com
118	Gokuma/stock.adobe.com
119	september55/stock.adobe.com
122	ah/stock.adobe.com
128	BonkersArt/stock.adobe.com
134	NASA

Newton Press	18, 22, 24(型紙), 36, 52, 54, 68, 89, 136(A)
石井恭子	126
小林 稔	138
関上絵美・晴香	16, 40, 56, 96

※(A)地図データ:Reto Stöckli, NASA Earth Observatory

［監修］

今井 泉／いまい・いずみ

東邦大学理学部教授。博士（教育学）。
東京学芸大学大学院 連合学校教育学研究科 学校教育学専攻修了。
専門は科学教育、化学教育。

［スタッフ］

編集マネジメント	中村真哉
編集	上島俊秀
組版	髙橋智恵子
誌面デザイン	岩本陽一
カバー・表紙デザイン	宇都木スズムシ＋長谷川有香（ムシカゴグラフィクス）
キャラクターマンガ	アヤカワ
マンガ	いとうみつる　加藤のりこ　桜井葉子　さややん。 深蔵　モンコ　ヤマネアヤ
イラスト	関上絵美・晴香

マコト★カガク研究団
科《か》学《がく》実《じっ》験《けん》

2024年11月20日　発行
発行人　松田洋太郎
編集人　中村真哉
発行所　株式会社ニュートンプレス
〒112-0012　東京都文京区大塚3-11-6
https://www.newtonpress.co.jp
電話　03-5940-2451

ISBN 978-4-315-52845-9